DIE
ANALYSE UND VERFÄLSCHUNG
DER
NAHRUNGSMITTEL

VON

JAMES BELL

DIRECTOR VOM SOMERSET HOUSE LABORATORIUM, AUSSCHUSSMITGLIED DES INSTITUTE
OF CHEMISTRY ETC.

ÜBERSETZT UND MIT ANMERKUNGEN VERSEHEN

VON

Dr. P. RASENACK.

II. BAND.

MILCH, BUTTER, KÄSE, CEREALIEN, PRÄPARIRTE STÄRKEMEHLE ETC.

MIT 29 IN DEN TEXT GEDRUCKTEN ABBILDUNGEN.

BERLIN 1885.
VERLAG VON JULIUS SPRINGER
MONBIJOUPLATZ 3.

ISBN 978-3-642-89529-6   ISBN 978-3-642-91385-3 (eBook)
DOI 10.1007/978-3-642-91385-3
Softcover reprint of the hardcover 1st edition 1885

Vorwort zur Uebersetzung.

Nachdem der Uebersetzer des ersten Bandes von J. Bell's „Analysis and adulteration of foods" von der Bearbeitung der weiteren Lieferungen dieses Werkes zurückgetreten, übernahm es auf den Wunsch der Verlagsbuchhandlung der Unterzeichnete, den zweiten Band in's Deutsche zu übertragen. Durch literarische Nachweise und Anmerkungen wurde dabei die ursprüngliche Anlage etwas zu erweitern und der Inhalt zu ergänzen gesucht, wenn diese Zusätze bei der Fülle des Materials auch keineswegs den Anspruch auf Vollständigkeit machen können. — Der Uebersetzer hofft, dass das Bell'sche Werk auch in diesem Gewande sich bei dem sachverständigen deutschen Publicum einer ähnlich günstigen Aufnahme erfreuen werde, wie dies in England mit dem Original der Fall gewesen ist, und dass es dazu beitragen möge, zu weiteren Forschungen auf dem wichtigen und interessanten Gebiete der Nahrungsmittel-Chemie anzuregen.

Berlin, im November 1884.

Dr. P. Rasenack.

Vorwort des Verfassers.

In dem vorliegenden Theile dieses Werkes wurde bei der Anordnung des Stoffes derselbe Plan, wie in dem ersten Bande, befolgt.

Jeder Artikel ist zum Gegenstande einer eigenen Untersuchung gemacht worden; hinsichtlich des chemischen Inhalts wurden verschiedene neue Punkte berücksichtigt und die sämmtlichen hier angeführten analytischen Resultate beruhen auf Originalarbeiten.

Die speciellen Forschungen über die Milch erstreckten sich zugleich auf eine Untersuchung über die Schwankungen, welche sich in ihrer Zusammensetzung zeigen, und es steht zu hoffen, dass die gewonnenen Ergebnisse dazu beitragen werden, die unbequeme Frage über die angebliche Constanz in der Zusammensetzung der Kuhmilch· — besonders hinsichtlich ihres Gehalts an fetten Nichtfetten — zu erledigen. Die Milchproben wurden aus verschiedenen Gegenden beschafft und umfassten sowohl die Producte von Kühen, welche durch Stallfütterung, als auch von solchen, die auf der Weide gezogen waren; auch wurde keine Mühe unterlassen, um gute, charakteristische Muster von Milch zu erhalten, welche von Kühen verschiedener Race und unter den gewöhnlich stattfindenden Bedingungen des Wechsels von Futter und Jahreszeit geliefert war.

Ein zuverlässiges Verfahren für die Analyse von saurer Milch erschien seit längerer Zeit als ein Bedürfniss, dem abzuhelfen sehr wünschenswerth erscheinen musste. Die beschriebene Methode beruht auf einer Reihe sorgfältig durchgeführter Versuche und giebt exacte Resultate.

Ausser der Kuhmilch wurden auch Proben verschiedener anderer Milcharten beschafft und die Anführung der näheren Bestandtheile derselben wird, wenn auch nicht gerade von wesentlichem Nutzen, so doch interessant zum Vergleiche sein.

Weitere Untersuchungen über das Butterfett haben die Theorie bestätigt, welche von mir in dem Parlamentsbericht Nr. 293 (Juni 1876) aufgestellt wurde, nämlich dass die Radicale mehrerer löslichen und unlöslichen Fettsäuren mit einem Glycerinrest zu demselben Molekül zusammengetreten sind und auf diese Weise einen zusammengesetzten Aether bilden.

Da voraussichtlich die amerikanischen Fett- und Oleomargarinkäse auch in England werden Eingang finden, wurde es für wünschenswerth gehalten, diese Artikel hier ebenfalls zu behandeln und auf die bezüglichen Unterscheidungsmerkmale von reinem Milchkäse aufmerksam zu machen.

Einige interessante Resultate wurden im Laufe des Studiums der Cerealien erhalten. Die zuckerartige Substanz, welche sich in dem Brode findet — gleichviel ob dasselbe nach der Methode mit kohlensäurehaltigem Wasser oder nach dem Gährungsverfahren hergestellt worden — wurde als Maltose identificirt. Im Gegensatz zu den Ansichten, welche zuweilen noch von den Verfechtern des Gebrauchs von reinem Weizenmehlbrod betont werden, wurden die untersuchten Proben von gewöhnlichem Mehl für den Hausgebrauch reicher an stickstoffhaltigen Substanzen befunden, als das ganze Weizenkorn. Es zeigte sich ferner, dass die löslichen Albuminoide der Getreidefrüchte die diastatische Wirkung auf Stärkemehl in verschiedenem Grade besitzen und dass dieselbe denen des Roggens in besonders hervorragendem Maasse zukommt.

Arrowroot, Sago, Tapioca und das sogen. Kraftmehl sind unter der gemeinsamen Bezeichnung „Präparirte Stärkemehle" zusammengefasst worden, da dies als der geeignete Ausdruck erschien, um sie hinsichtlich ihres Werthes als Nahrungsmittel zu charakterisiren; da sie nämlich meist unter der Rubrik „Kraftmehl" (corn flour) angeführt werden, wird ihre Bedeutung in jener Hinsicht von dem Publicum noch häufig überschätzt.

Schliesslich erübrigt mir das Vergnügen, den Herren öffentlichen Analytikern meinen verbindlichsten Dank für den hervorragenden freundlichen Beistand auszusprechen, welchen sie mir bei der Bearbeitung des ersten Theils dieses Werkes, wie auch des vorliegenden Bandes haben zu Theil werden lassen.

Departements-Laboratorium,   James Bell.

Somerset-House, im März 1883.

INHALT.

	Seite
Milch	1
Butter	54
Käse	103
Schmalz	116
Cerealien	118
Weizenmehl	127
Brod	166
Hafermehl	190
Präparirte Stärkemehle	199
Arrowroot	203
Sago	216
Tapioca	221
Kraftmehl (Corn Flour)	226
Linsenmehl	230

MILCH.

Abstammung. Als Milch bezeichnet man die Flüssigkeit, welche alle weiblichen Säugethiere zum Zwecke der Ernährung ihrer Jungen absondern, und es wird dieselbe daher als ein Normal-Nahrungsmittel angesehen.

Die ausgeprägten specifischen Eigenschaften, welche die Milch besitzt, werden ihr, wie man annimmt, während ihres Durchganges durch die Brustdrüsen zuertheilt; es hat indessen noch keine befriedigende Erklärung dafür gegeben werden können, auf welche Weise der Milchzucker gebildet wird, und wie das Fibrin und Albumin des Blutes — sei es auf physikalischem oder auf chemischem Wege — in das Casein und Albumin der Milch umgewandelt werden; ebenso wenig über den Vorgang, durch welchen eine neue Fettsäure an der Bildung des Milchfettmolecüles theilnimmt.

Hinsichtlich ihrer Bedeutung für die Ernährung ist die Milch jedenfalls mehr der reinen Fleischnahrung, als der vegetabilischen Kost verwandt; wenn wir indessen ihre sämmtlichen Bestandtheile in Betracht ziehen, so können wir den Milchzucker gewissermassen als Ersatz für die stärkeartige Materie der Körnerfrüchte ansehen, und wir besitzen in der Milch eine Nährsubstanz, welche eine Mittelstellung zwischen der Getreide- und der rein animalischen Nahrung einnimmt, und deren Zusammensetzung so bewunderungswürdig eingerichtet ist, dass sie als ein Nahrungsmittel im vollkommensten Sinne des Wortes betrachtet werden kann.

Beschreibung. Die nachstehenden Bemerkungen haben vorzugsweise Bezug auf die Kuhmilch, doch ist diese Definition im Allgemeinen auch auf die Schaaf-, Ziegen- und Stutenmilch anwendbar. Aus den analytischen Belägen auf Tabelle I und III ist zu ersehen, dass in allen diesen Milcharten sich dieselben Bestandtheile finden, obgleich ihre quantitativen Verhältnisse bei den verschiedenen Sorten erheblichen Schwankungen unterworfen sind.

Die Milch bildet eine undurchsichtige, in der Regel weisse oder gelblich weisse Flüssigkeit, deren specifisches Gewicht von 1,027—1,036 schwankt. Ihre Farbe verdankt sie hauptsächlich der Gegenwart von suspendirten Fettkügelchen; denn lässt man sie eine Zeit lang stehen, bis sich der Rahm an der Oberfläche gesammelt hat, so erscheint die untere Schicht durchsichtiger, als bei der frischen Milch.

Der Geschmack der frischen Milch ist süsslich und dieselbe zeigt einen schwachen, aber charakteristischen Geruch.

Das Aussehen der Milch ist nicht in demselben Maasse, als ihre Güte, den Veränderungen unterworfen, welche auf Rechnung von Race, Alter, Gesundheitszustand, Nahrung und die allgemeinen Verhältnisse des sie liefernden Thieres zu schieben sind. Die bemerkenswertheste Veränderung ist diejenige, welche während der ersten drei oder vier Tage nach Erledigung des Gebärungsgeschäftes sich zeigt. Die Kuhmilch ist alsdann von hochgelber Farbe, besitzt ein höheres specifisches Gewicht und gerinnt wegen ihres grösseren Gehaltes an Eiweiss leichter, als die gewöhnliche Milch. Sie wird während dieser Periode colostrum (Biestmilch) genannt..

Geschichtliches. Die thierische Milch wurde seit den ältesten Zeiten als Nahrungsmittel benutzt und geschätzt. Damals, als man noch von „einem Lande, wo Milch und Honig fliesst", sprach, wurde sie als ein Sinnbild des Ueberflusses betrachtet, und aus den vielfachen Anspielungen auf „Milch", worunter man speciell die des Schaafes und der

Ziege verstand, ist ersichtlich, dass dieselbe einen wichtigen Factor in der täglichen Nahrung der Völker der Vorzeit gebildet haben muss.

Der berühmte, alte Arzt Hippocrates verordnete Milch (Kuh-, Schaaf- oder Ziegenmilch) bei gewissen Leiden; er untersagte ihren Gebrauch jedoch bei Kopfschmerz, Fieber und Gallenaffectionen. Bei den Römern wurde der Körper mit Brot, welches in Eselinnenmilch eingeweicht war, eingerieben, um dadurch die Haut zu verschönern.

Es wurde auch Eselinnenmilch von einem berühmten jüdischen Arzte verschrieben, der aus Constantinopel zum Beistande Franz I. nach Frankreich berufen war, als dieser an einer verzehrenden und entkräftenden Krankheit litt; nachdem sich das Mittel bei dem Monarchen als erfolgreich erwiesen hatte, wurde der Gebrauch desselben bei Hofe modern.

Irgend etwas Genaueres über die Chemie der Milch war bis zum Schlusse des achtzehnten Jahrhunderts nicht bekannt; man wusste allerdings schon viel früher Butter, Käsestoff und Molken zu unterscheiden; doch dies blieb auch Jahrhunderte lang fast Alles, was man in Bezug auf die Milch kannte.

Erst seit verhältnissmässig wenigen Jahren sind die verschiedenen characteristischen Bestandtheile der Milch vollständig untersucht und ist das relative Verhältniss derselben in den verschiedenen Milchsorten genau bestimmt worden.

Chemische Zusammensetzung.

Wenn man die Milch eine Zeit lang der Ruhe überlässt, so steigt der Rahm an die Oberfläche; nach der Entfernung desselben trennt sich die zurückbleibende Flüssigkeit weiterhin freiwillig in einen festen Antheil, *Käsestoff (Casein)* und einen flüssigen, welcher *Molke* oder *Serum* genannt wird und im Wesentlichen aus einer wässerigen

Milchzuckersolution besteht. Diese Trennung der Milch in Rahm, Käsestoff und eine wässerige Lösung von Milchzucker nebst einer geringen Menge anorganischer Substanzen erfolgt also durch eine Art von natürlichem, analytischem Process.

Die folgende Tabelle enthält die Resultate der Analysen von fünf verschiedenen Milchsorten:

Tabelle I. — Bestandtheile der Kuhmilch.*)

	No. 1.	No. 2.	No. 3.	No. 4.	No. 5.
Specifisches Gewicht . . .	1031.56	1031.56	1031.00	1032.50	1029.80
Summe der festen Bestandtheile	11.47	11.09	11.98	12.79	15.89
Feste Nicht-Fette	8.71	8.66	8.65	9.03	9.10
Fett in Procenten . . .	2.76	2.43	3.33	3.76	6.79
Casein „ „ . . .	3.05	2.96	3.18	3.50	3.31
Zucker „ „ . . .	4.91	4.96	4.75	4.75	5.07
Asche „ „ . . .	0.75	0.74	0.72	0.78	0.72
Wasser „ „ . . .	88.53	88.91	88.02	87.21	84.11
Summa . . .	100.00	100.00	100.00	100.00	100.00

Fett. — Dasselbe, durch etwas Käsestoff und Zucker verunreinigt, bildet die Butter. In der Milch selbst findet sich das Fett in der Form von Kügelchen, welche in der

---

*) Den niedrigsten Gehalt der Milch an festen Bestandtheilen (im Mittel 12.73 %) und an Fett (3.16 %) beobachtete P. Vieth im Monat März, den höchsten (13.40 % feste Bestandtheile und 3.82 % Fett) im November. (The Analyst 8, 33.)

Schmidt-Mühlheim (Arch. f. d. ges. Physiol. 30, 602—615) fand übereinstimmend mit früheren Analytikern die letzten Portionen der Milch beim Melken viel reicher an Fett, als die ersten, was durch mechanische Verhältnisse bei der Entleerung erklärt wird. — (Anm. d. Uebers. v. Ber. D. Ch. Ges. 16. 1507.)

S. auch Schaffer, Einfluss der sexualen Erregung auf die Zusammensetzung der Kuhmilch. Rep. anal. Ch. 1884 N. 13. 202.

[Anm. d. Uebers.]

wässerigen Flüssigkeit suspendirt sind. Die Ansichten darüber, ob diese Kügelchen eine membranartige Umhüllung besitzen oder nicht, sind verschieden; wir glauben indessen nicht, dass irgend ein Beweis für die Existenz einer Hülle irgend welcher Art vorliegt, abgesehen von derjenigen, welche etwa durch den geringen, den Kügelchen anhaftenden Antheil der Flüssigkeit entstehen mag, in welcher sie suspendirt sind.

Da die Fettkügelchen sich unter den gewöhnlichen Temperaturverhältnissen im festen Zustande befinden, — d. h. da sie eine gleiche Consistenz, wie das Butterfett selbst besitzen —, so ist leicht verständlich, wie ein Antheil der wässerigen Milchflüssigkeit an der äusseren Fläche dieser Fettpartikelchen adhäriren kann. Falls diese Ansicht richtig ist, so erklärt sich die Butterbildung nicht sowohl durch das Zusammenschmelzen von öligen, von ihrer Hülle befreiten Kügelchen, als vielmehr durch das Aneinanderhaften von festen Fettpartikelchen, welche durch die Bewegung der Milch während der Operation des Butterns in nähere Berührung gebracht wurden; denn die deutlich kugelförmige Beschaffenheit der Fetttheilchen ist in dem zu einer Masse vereinigten Fett, wie es sich am Ende des Processes ergiebt, beibehalten.

Casein oder Käsestoff. — Diese Substanz besteht aus eiweissartigen und aus einer kleinen Menge von mineralischen Stoffen. Die Ersteren lassen sich wenigstens in zwei verschiedene Arten stickstoffhaltiger Körper zerlegen, welche Casein und Albumin genannt werden. Das Casein wird durch Essig- und andere Säuren als eine käsige Masse gefällt; es gilt dies indessen nicht durchweg für die stickstoffhaltigen Substanzen einer jeden Säugethiermilch, da dieselben bei manchen Milcharten auf Zusatz einer Säure nur sehr unvollkommen abgeschieden werden.

Wahrscheinlich haben wir es in dem Casein der verschiedenen Milcharten mit Substanzen von ebenso veränderlichem physikalischen Character zu thun, wie wir sie in den stickstoffhaltigen Bestandtheilen der verschiedenen Getreidefrüchte erblicken.

Das lösliche Casein oder Albumin gerinnt auch beim Erhitzen der Milch und kann durch Filtration von der Flüssigkeit getrennt werden. In seinen characteristischen Eigenschaften schliesst es sich genau dem gewöhnlichen Albumin an.*)

Milchzucker, $C_{12}H_{22}O_{11}$. — Derselbe ist ein wichtiger und characteristischer Bestandtheil der Milch**) und bildet, wie oben bereits bemerkt, den Hauptfactor, welcher in der Molke oder dem Serum sich in Lösung befindet.

---

*) Vergl. die neueren, interessanten „Studien über Milch" von Heinr. Struve (J. f. prakt. Ch. N. F. 27, 249; 29, 70 und 29, 110, sowie Ber. D. Ch. Ges. 16, 1505; 17, 262 u. 359.). — Nach ihm enthalten die Frauen- und die Kuhmilch das Casein theils in ungelöstem, theils in gelöstem Zustande; die Trennung kann durch Dialyse in mit Chloroform gesättigtem Wasser oder nach dem Suspendiren der Substanz in Aether erfolgen. Ein Theil des ungelösten Caseins bildet die Hüllen der Fettkügelchen, die sich in der stärker alkalischen Frauenmilch beim Stehen bald auflösen; daher das abweichende Verhalten der Letzteren gegen Aether. Das Casein der Frauen- und das der Kuhmilch reagiren sauer. — Das durch verdünnte Essigsäure gefällte Casein ist nach Struve ein Gemenge von α-Casein (auch nach dem Trocknen bei 100 ⁰ in Ammoniak vollkommen löslich) und einer geringen Menge β-Casein (in Ammoniak unlöslich); das α-Casein selbst ist in der Milch theils in gelöstem, theils in ungelöstem Zustande vorhanden.

Ueber die verschiedenen Formen des Caseins in der Milch und ihre Ueberführbarkeit in einander s. auch Duclaux Compt. rend. 98, 373 u. Ber. d. Ch. Ges. 17, b. 142.

Ueber andere stickstoffhaltige Bestandtheile der Milch [Harnstoff, Lecithin (nach Bouchardat u. Quevenne), Hypoxanthin und Cholesterin (Schmidt-Mühlheim)] vergl. Pflüger. Archiv 28 u. 30, sowie Techn. chem. Jahrb. V. 402; ferner über Béchamp's Galaktozymase Compt. rend. 96, 1508 und Techn. chem. Jahrb. V, 401; „Zur Frage, ob das Casein ein einheitlicher Stoff sei" s. Olaf Hammarstan; Zeitschr. f. physiol. Ch. 7, 227. [Anm. d. Uebers.]

**) Ueber den Ursprung des Zuckers in der Milch s. Paul Bert in Compt. rend. 98, 775 d. Chemik. Zeit. 1884 N. 34. 602.

[Anmerk. d. Uebers.]

Da der Milchzucker als derjenige Bestandtheil erscheint, dessen relatives Verhältniss in der Milch am constantesten bleibt, so bewegt sich das specifische Gewicht des Serums von unverfälschter Milch in weit engeren Grenzen, als das der Milch selbst.

Wenn das Serum, wie es nach der Abscheidung des Käsestoffs mittelst Lab zurückbleibt, auf dem Wasserbade eingedampft wird, so erhält man daraus mehr oder minder ausgebildete Krystalle von süssem Geschmack. Durch Umkrystallisiren unter Zusatz von Thierkohle gereinigt, erscheinen dieselben als harte, etwas durchscheinende, weisse hemiedrische, trikline Prismen, welche dieselbe Zusammensetzung, wie Rohzucker und auch nahezu dasselbe specifische Gewicht, nämlich 1,52 besitzen. Dieselben sind in Wasser, dagegen nicht in absolutem Alcohol und nicht in Aether löslich.

Der Milchzucker zeigt auch gegen das polarisirte Licht ein ähnliches Verhalten, wie die Dextnose, da er einen Drehungswinkel von $5,93^0$ (α) j zeigt; durch Kochen mit Schwefelsäure wird er in Dextrose und Galactose umgewandelt. Die letztere Substanz krystallisirt in Prismen; ihre reducirende Wirkung auf Kupferoxyd ist um $^1/_5$ schwächer, als die der Dextrose.*)

Asche. — Die Asche oder mineralische Substanz, welche durch sorgfältige Einäscherung der frischen Milch erhalten wird, beläuft sich auf 0.62—0.87 Procent; sie enthält Natrium- und Kaliumchlorid, sowie Calcium-, Mag-

---

*) Bei der Inversion des Milchzuckers mittelst Salz- oder Schwefelsäure entsteht nach Fudakowsky (Ber. D. Ch. Ges. 9, 42 u. 11, 1069) Lactoglucose, welche sich wie die Glucose verhält, und gleichzeitig eine andere, stärker rechts drehende Zuckerart, welche als Galaktose oder kurzweg als Lactose bezeichnet wird.

Ueber die Einwirkung von Kupferoxydhydrat auf Galaktose und Milchzucker liegen neuere Arbeiten von Habermann und Hönig vor (vergl. Monatsheft f. Ch. 5, 208—216 u. Ber. D. Ch. Ges. XV. 2624 u. XVII b 351.). Die Galaktose lieferte bei der Oxydation Kohlensäure, Ameisensäure, sehr geringe Mengen Glycolsäure,

nesium- und Kaliumphosphat, daneben eine kleine Menge Sulphate und Spuren von Carbonaten.

Die folgende Tabelle zeigt die Zusammensetzung der Asche von vier Proben Kuhmilch:

Tabelle II. — Bestandtheile der Asche der Kuhmilch.

Procentgehalt an	Durchschnitts-Milch von 29 Kühen	Durchschnitts-Milch von verschiedenen Kühen	Durchschnitts-Milch von verschiedenen Kühen	Milch von 8jährigen Shorthorn-Kühen
Gesammtmenge der Asche	0.73	0.72	0.78	0.71
Kali, berechnet auf K_2O	17.24	19.53	19.78	19.83
Natron, „ „ Na_2O	4.29	3.30	3.67	3.19
Kalk, „ „ CaO	24.53	24.48	24.78	25.98
Magnesia, „ „ MgO	2.89	4.76	4.35	3.68
Phosphorsäureanhydrid, berechnet auf P_2O_5	35.67	32.49	32.07	32.67
Schwefelsäureanhydrid, berechnet auf SO_3	2.65	0.92	0.69	1.62
Chlor, „ „ Cl	12.73	14.52	14.66	13.03
Summa . .	100.00	100.00	100.00	100.00

Zusammensetzung anderer Milchsorten.

Obgleich die Milch der Kühe, Ziegen, Stuten und anderer Säugethiere im Ganzen sehr ähnlich in ihrer Zusammensetzung ist, unterscheiden sich die einzelnen Sorten doch hinsichtlich der relativen Verhältnisse ihrer Bestand-

---

reichliche Mengen Milchsäure und einige nicht flüchtige, in Aether unlösliche, noch nicht näher erforschte Säuren. Milchzucker liefert dieselben Producte, nur grössere Mengen Glycolsäure.

Ueber die Einwirkungsgeschwindigkeit von Fehling'scher Lösung auf einige reducirende Zuckerarten und Gemische davon s. F. Urech Ber. D. Ch. Ges. 17, 1539.

Ueber die Einwirkung von Natriumhydratlösung auf Milchzucker u. a. Zuckerarten s. F. Urech Ber. D. Ch. Ges. 17, 1543.

[Anm. d. Uebers.]

theile, sowie auch zum Theil nach den Eigenschaften dieser Bestandtheile beträchtlich von einander.

Die nachstehende Tabelle enthält die Resultate der Analysen von vier Milcharten:

Tabelle III. — Untersuchung verschiedener Arten von Milch.

Bestandtheile	Milch einer 18jährigen Frau	Milch einer 33jährigen Frau	Stutenmilch	Ziegenmilch	Mutterschaafmilch
Specifisches Gewicht.	1034.50	1033.03	1036.12	1032.70	1039.30
Fett.	3.20	2.99	1.76	5.80	11.28
Casein, Albumin etc.	2.39	2.51	3.58	4.20	8.83
Zucker.	6.83	6.51	5.87	4.94	3.58
Asche	0.29	0.30	0.39	1.00	1.09
Wasser	87.29	87.69	88.40	84.06	75.22
Summa . .	100.00	100.00	100.00	100.00	10.000

In der Kuh- und Ziegenmilch ist der Gehalt an Casein nahezu gleich dem an Zucker; bei der Frauenmilch dagegen befindet sich der Zucker gegenüber dem Casein in beträchtlichem Ueberschuss. Aehnliches zeigt sich im Allgemeinen bei der Stutenmilch, obgleich bei derselben grosse Schwankungen in ihrem Gehalte an Milchzucker constatirt worden sind. Bei guter Fütterung vermindert sich der Zuckergehalt; wenn jedoch das Thier auf eine kärgliche Grasnahrung angewiesen ist, so erscheint der Zucker im Vergleiche zum Casein in bedeutend höherem Verhältniss. Das Casein der Stutenmilch besitzt einige physikalische Eigenthümlichkeiten, die es von dem der Kuh- und Ziegenmilch unterscheiden: Auf Zusatz von Essigsäure erscheint es nämlich in suspendirtem oder anscheinend gelöstem Zustande, eine Eigenschaft, die dem Casein der Frauenmilch fast in gleichem Grade zukommt, und es hat dieses Verhalten dazu geführt, diesem

Casein eine ganz andere Constitution, als dem der Kuhmilch zuzuschreiben und eine derartige Milch für leichter verdaulich und assimilirbar zu halten, insbesondere für Kinder und schwächliche Personen.

Das Fett, welches man aus der Milch der verschiedenen Säugethiere erhält, unterscheidet sich von anderen animalischen und vegetabilischen Fetten durch einen grösseren Gehalt an Glyceriden der löslichen Fettsäuren. Die Menge dieser Säuren, welche das Fett der Kuh-, Ziegen- und Schaafmilch liefern, ist nahezu dieselbe. Die Stutenmilch giebt ein ölartiges Fett, welches sehr reich an löslichen Säuren ist; unter Letzteren ist jedoch die Buttersäure nicht so überwiegend vorhanden, als dies in dem Fette der Kuhmilch der Fall ist.

Kumys. Die Milch der Stuten ist in einem theilweise gegohrenen Zustande unter dem Namen Kumys als Nahrungsmittel in ausgedehntem Maasse gebräuchlich, besonders bei manchen Volksstämmen, welche die russischen Steppen bewohnen. Wie es scheint, eignet sich die Stutenmilch besser, als die Milch anderer Säugethiere, für ein derartiges Präparat, was sie ohne Zweifel der löslichen Beschaffenheit ihres Albumins, sowie einem relativ grossen Gehalt an Milchzucker verdankt, welcher sich besonders bei den Thieren, welche ihren fast wilden Zustand bewahrten, zeigt.

Die frisch gelassene Milch wird eine Zeit lang bei Seite gestellt und sodann zum Theil abgerahmt; durch Zusatz einer kleinen Menge Hefe oder eines anderen künstlichen Fermentes leitet man alsdann eine langsame Gährung ein, in Folge deren sich der Zucker in Alcohol und Milchsäure verwandelt. Während der Gährung wird die Milch häufig umgerührt, was augenscheinlich den Zweck hat, das Casein suspendirt zu erhalten, weil dasselbe Neigung zeigt, sich abzuscheiden, sobald die Milch anfängt, sauer zu werden.

Die nachstehenden Resultate der Untersuchung eines

russischen Kumys geben eine Vorstellung von der Zusammensetzung eines derartigen Präparates:

> Freie Säure, auf Milchsäure berechnet . 1.96 %.
> Casein . . . . 2.11 „
> Zucker . . . . 0.40 „
> Fett . . . . 1.10 -
> Alcohol . . . . 2.12 „
> Asche . . . . 0.34 „
> Wasser . . . . 91.97 „
> ———————
> 100.00 % *).

Die Zusammensetzung der Asche von vier verschiedenen Milcharten ist in nachstehender Tabelle gegeben:

Tabelle IV. — Zusammensetzung der Asche verschiedener Milcharten.

Bestandtheile		Frauenmilch	Ziegenmilch	Stutenmilch	Schaafmilch
Gesammtmenge der Asche in Procenten		0.29	1.00	0.39	1.09
Kali	K_2O	30.80	16.98	16.35	11.42
Natron	Na_2O	3.26	2.67	2.77	1.56
Kalk	CaO	18.47	25.69	35.19	36.32
Magnesia	MgO	3.98	4.57	3.40	4.68
Phosphorsäureanhydrid	P_2O_5	23.93	42.28	32.73	38.99
Schwefelsäureanhydrid	SO_3	7.97	2.23	3.08	3.32
Chlor	Cl	11.59	5.58	6.48	3.71
Summa . .		100.00	100.00	100.00	100.00

---

*) Vergl. Vogeler, Ueber die Chemie des Kumys. Ind. Bl. 1884. Nr. 13.

Ueber einen künstlichen Kumys, Galazyme genannt, vergl. Gibson: Chem. Zeit. 1884. Nr. 14. 233.

Ueber einige andere, im Orient beliebte und aus Milch gewonnene Producte (Keschk, Karagrut und Jaurt) s. Vortrag des Prof. Cohn in der Schles. Ges. d. vaterl. Cultur. Sep. Abdr.

Untersuchung der Milch.

Specifisches Gewicht.*) Obgleich die Bestimmung des specifischen Gewichts der Milch keineswegs eine entscheidende Probe über ihre Güte abgiebt, so kann dasselbe doch in Verbindung mit dem Rahmgehalt als ein, wenn auch nur ziemlich roher, Fingerzeig für Diejenigen dienen, welche weder Gewandtheit noch Gelegenheit zur Ausführung chemischer Untersuchungen besitzen. Das specifische Gewicht kann mit einem gewöhnlichen Pyknometer oder mittelst des Lactometers bestimmt werden; gewöhnlich wird das Letztere angewannt; es ist an seinem verengten Theile mit einer Scala versehen, welche die Grade bei Flüssigkeiten, die schwerer als Wasser sind, angiebt. Da diese Instrumente gewöhnlich bei 15.5 ° C. (60 ° F.) adjustirt sind, muss eine Correction von nahezu einem Grad für Temperaturen von je 10 ° oberhalb und unterhalb der Normal-

---

Ein gewisses Aufsehen in weiteren Kreisen hat in neuerer Zeit das Kephir der Bergvölker des Kaukasus erregt, welches von russischen Aerzten als ausgezeichnetes Nahrungs- und Heilmittel für Anämische und Phtysiker empfohlen wurde. Es werden die sogen. Kephirkörner in den Handel gebracht, welche aus Kuhmilch unter Zusatz eines eigenthümlichen Ferments bereitet werden und nach Struve wahrscheinlich aus einem Gemenge von Bacillen und Hefepilzen bestehen, welche in den bei der Bereitung benutzten ledernen Schläuchen wuchern. Dieselben veranlassen in roher oder gekochter Kuhmilch eine lebhafte Gährung unter starker Gasentwickelung; die wie Weissbier moussirende Flüssigkeit bildet das eigentliche Kephir. — Vergl. den oben citirten Vortrag von Prof. Cohn sowie Struve, Ber. D. Ch. Ges. 17, 314 u. 1364.

[Anm. d. Uebers.]

*) P. Vieth fand bei 250 täglichen Proben das Volumgewicht zu 1.030—1.033; einige Male stieg dasselbe auf 1.034, es fiel aber kaum unter 1.030. (The Analyst VIII. 33). — Schrodt und v. Peter (Forschung auf d. Gebiet d. Viehhaltung etc. 1883; Heft 13, p. 199) fanden das spec. Gewicht bei Stapeln bis incl. 5 Kühen zu 1.0263—1.0338 bei 15° C; das Mittel aus 35 Bestimmungen war 1.0307; — bei Stapeln von über 5 Kühen beliefen sich dagegen die Schwankungen von 1.028—1.0349; das Mittel aus 449 Bestimmungen war 1.03199 (Techn. chem. Jahrb. V. 404).

[Anm. d. Uebers.]

temperatur angebracht werden. Hat z. B. eine Milch ein scheinbares specifisches Gewicht von 1030 bei 21 ⁰ C., so würde dasselbe, auf die Normaltemperatur corrigirt, 1031 sein.*) Da der Rahm specifisch leichter, als die abgesahnte Milch ist, so wird durch seine Abtrennung das specifische Gewicht der Milch erhöht, und aus demselben Grunde drückt die Gegenwart einer verhältnissmässig grossen Menge Sahne dasselbe herab. Ein niedriges specifisches Gewicht lässt daher auf eine fettreiche Milch schliessen oder aber auch auf eine solche, welche mit Wasser versetzt ist. Wenn nun die Menge der von einer Milch abgeschiedenen Sahne immer in festem Verhältniss zu ihrem Fettgehalt stünde, so würde die Bestimmung des specifischen Gewichtes und des abgeschiedenen Rahmes hinreichende Daten zur Beurtheilung ihrer Güte für die gewöhnlichen Zwecke abgeben.

Wir haben indessen gefunden, dass die Quantität des abgeschiedenen Rahms oftmals sehr weit davon entfernt ist, den wirklichen Fettgehalt der Milch anzuzeigen. Einige Versuche ergaben durchschnittlich 3 Theile abgeschiedenen Rahms auf je 1 Theil des wirklich vorhandenen Fettes; öfters aber wurde das Verhältniss von Rahm zu Fett, wie $1 : 1^1/_2$ gefunden und manchmal betrug die Rahmmenge das 4—5fache von der erhaltenen Menge Fett. Das specifische Gewicht kann daher — auch in Verbindung mit dem Procentgehalt an Sahne — nur einen sehr rohen Anhalt abgeben, wenn es sich um die Entscheidung der Frage han-

---

*) Die Milch zeigt die eigenthümliche Eigenschaft, sich freiwillig zu verdichten, d. h. einige Zeit nach dem Melken ein höheres specifisches Gewicht anzunehmen, als unmittelbar nach der Gewinnung. Der Process beginnt 2—3 Stunden nach dem Melken und dauert (bei 15⁰) etwa zwei Tage lang an; durch Abkühlen kann er beschleunigt werden. Bei 5⁰ wird das normale specifische Gewicht etwa in 6 Stunden erreicht. Der Anlass zu dieser Erscheinung wird dem Aufquellen des Caseins zugeschrieben (vergl. Recknagel; Milchzeitung 1883, 419, 437); — G. Schröder dagegen (Pharm. Centr. H. XXV, 316) führt dieselbe auf die Contraction des Milchfettes beim Erstarren zurück und giebt einen Apparat zum Nachweis der Contraction an.

[Anm. d. Uebers.]

delt, ob einer Milch Wasser zugesetzt worden ist oder nicht.*)

Gesammtmenge der festen Bestandtheile. Die Bestimmung derselben in frischer Milch ist eine verhältnissmässig einfache Operation: In einem genau tarirten Platinkessel werden 5 Gramm Milch abgewogen, das Gefäss wird auf einem Wasserbade erhitzt und nach Verlauf von etwa drei Stunden, oder sobald der Rückstand hinreichend fest geworden ist, wird das Austrocknen in einem Trockenschranke mit Dampfheizung vollendet, bis das Gewicht constant bleibt. Es ist von Wichtigkeit, dass der Boden der Schaale ganz flach oder nahezu abgeflacht, und dass die Grösse derselben so gewählt sei, dass der trockene Rückstand nach dem Verdampfen des Wassers in Gestalt eines dünnen Häutchens zurückbleibt.

Hin und wieder ist empfohlen worden, behufs Erleichterung des völligen Austrocknens der Milch eine gewogene Menge Sand oder Glaspulver zuzusetzen; es ist dies indessen nach unseren Erfahrungen nicht nöthig, falls man nur Sorge trägt, eine Schaale von der erwähnten Beschaffenheit anzuwenden.**)

Feste nicht fettartige Bestandtheile und Fett. — Von der frischen Milch werden genau 10 Gramm in einer Platinschaale, die mit einem passenden Glasstab versehen ist, abgewogen. Die für diesen Zweck geeignetste Grösse der Schaale entspricht einem Durchmesser von ca. 7.5 cm und 2.5 cm Höhe. Der Inhalt der Schaale wird darauf auf dem

---

*) Zur Beurtheilung der Güte der Milch nach dem specifischen Gewicht sei auf das Lactodensimeter von Recknagel, das von Fuess nach Angaben des Kais. Gesundheitsamtes construirte und das von Soxhlet verbesserte Quevenne'sche Lactodensimeter aufmerksam gemacht. [Anm. d. Uebers.]

**) Neuerdings wurde von Schmidt-Mühlheim (Pflüger's Archiv 31, Heft 1 u. 2) und Schmöger (das. Heft 7 u. 8) das Haidlen'sche Verfahren (Eintrocknen der Milch mit Sand bei 100°) wieder empfohlen. (Techn. chem. Jahrb. V. 406.) [Anm. d. Uebers.]

Wasserbade zur Trockne gebracht; es ist vortheilhaft, die Milch während des Abdampfens gut umzurühren, um sicher zu sein, dass man den festen Rückstand in einem Zustande erhält, wie er zum Ausziehen des Fettes am geeignetsten ist. Der Rückstand soll weder noch zu feucht, noch allzu trocken sein, da Beides der Entfernung der letzten Spuren des Fettes hinderlich ist. Falls das Eindampfen zu weit getrieben worden war, mag man den Rückstand vorsichtig mit einer kleinen Menge Wasser oder Alcohol durchfeuchten. Sobald der geeignete Punkt erreicht ist, wird die Masse wiederholentlich mit Aether behandelt, wobei man die Substanz fortwährend mit Hülfe des Glasstabes zerkleinert; denn dieselbe muss sich in einem möglichst feinen Zustande der Zertheilung befinden, damit man sicher ist, dass keins ihrer Theilchen der Einwirkung des Lösungsmittels entgeht. Bei den letzten drei Auszügen wendet man erwärmten Aether an. Nach jedesmaligem Ausziehen wird die ätherische Lösung sorgfältig durch ein kleines Filter von schwedischem Papier abgegossen, welches nicht über 12—13 cm im Durchmesser hat. Um die letzten Spuren Fett aus dem Filter zu entfernen, schneidet man den obern Theil desselben ab, zertheilt denselben in kleine Stücke, bringt diese in den untern Theil des Filters und mit diesem in den Trichter zurück und wäscht sie darauf noch mit etwas Aether nach. Das gesammte Filtrat fängt man in einem tarirten Becherglase auf; der Aether wird alsdann vorsichtig verdampft und das zurückbleibende Fett endlich im Dampftrockenschrank bis zum constanten Gewichte getrocknet.

Die Schaale, welche den entfetteten Rückstand enthält, wird zunächst auf dem Wasserbade zwei Stunden lang erwärmt und sodann noch mindestens zwei weitere Stunden lang im Dampftrockenschranke auf 100° erhalten, bis ein constantes Gewicht erreicht ist. Zu diesem Resultate wird man in der angegebenen Zeit gelangen, sobald der Milchrückstand in fein gepulvertem Zustande dem Extractionsprozess unterworfen wurde.

Die Bestimmung des Fettes, der festen Nicht-Fette und der Asche sollte jedesmal doppelt vorgenommen werden und zur weiteren Controlle der Analyse möge man den Gesammtrückstand noch in einer dritten Portion der Milch bestimmen, welche sodann zu einer der Aschenbestimmungen benutzt werden kann. Es muss bemerkt werden, dass aus verschiedenen Gründen — und wahrscheinlich gerade in Folge der Anwesenheit des Fettes — die schliessliche Wägung des Gesammtrückstandes selten oder nie so befriedigende Resultate giebt, als die der festen Nicht-Fette. Keinenfalls würden wir daher rathen, diese festen Nicht-Fette durch Abzug des Gewichtes des thatsächlich erhaltenen Fettes von dem des Gesammtrückstandes zu bestimmen.

Wir haben auch Versuche mit Soxhlet's Apparat und ähnlichen Vorrichtungen angestellt, welche darauf berechnet sind, das Fett durch einfachen Contact mit dem Lösungsmittel zu extrahiren; dieselben haben uns jedoch nicht so befriedigende Resultate, als der oben beschriebene Macerationsprozess ergeben. Wir haben nach letzterer Methode in der Regel 0.3—0.5 pCt. Fett mehr, als bei Anwendung des Soxhlet'schen Apparats erhalten. Obgleich diese Vorrichtungen aus dem angegebenen Grunde nicht geeignet sind in Fällen, wo eine grosse Genauigkeit erfordert wird, bieten dieselben doch mancherlei Erleichterungen, sobald es sich um die Extraction von Fett aus Bodensätzen, Cerealien und ähnlichen Substanzen handelt, bei welchen ein Zustand feiner Zertheilung leicht zu erreichen ist. Ein derartiges Verfahren mag also füglich in solchen Fällen der Milchuntersuchung angewendet werden, wo nicht gerade ganz exacte Resultate verlangt werden.[*]

---

[*] Der geeignete Punkt, bis zu welchem der Milchrückstand behufs Extraction des Fettes eingedampft werden soll, lässt sich doch oft nur schwer treffen. Es ist auch hier ein Zusatz von Sand beim Eintrocknen der Milch zu empfehlen. Man bringt in ein dünnwandiges Hofmeister'sches Glasschälchen so viel ausgeglühten, sehr grobkörnigen Sand, dass das anzuwendende Milchquantum davon voll-

Eine indirecte Methode zur Ermittelung des Procentgehaltes der Milch an Fett und festen Nicht-Fetten wurde von Mayer und Clausnitzer angegeben; eine Modification ihrer Formel zur Berechnung der Resultate wurde vor Kurzem von O. Hehner vorgeschlagen. Diese Methode gründet sich auf die genaue Bestimmung des specifischen Gewichtes und des Gesammtrückstandes der Milch in Verbindung mit experimentellen Daten, die sich von dem specifischen Gewichte des Fettes und der festen Nicht-Fette ableiten. Es fallen indessen die Resultate, welche theoretisch nach dieser Formel berechnet werden, auch bei Anwendung der Hehner'schen Modification derselben, meist zu hoch hinsichtlich der festen Nicht-Fette und in demselben Maasse zu niedrig hinsichtlich des Fettes aus; doch sind die Ergebnisse immerhin annähernd genau, besonders bei Milchproben von der durchschnittlich vorkommenden Qualität, so dass sie da, wo die Anwendung einer schnellen und bequemen Methode der Milchuntersuchung erwünscht ist, von Nutzen sein können; wo dagegen unzweifelhafte Genauigkeit verlangt wird, liegt in den Abweichungen von dem wahren Gehalt, wie diese Methode sie ergibt, ein bedenkliches Hinderniss für die allgemeine Benutzung derselben.

Die Art und Weise, wie der theoretische Procentgehalt der Milch an festen Nicht-Fetten und an Fett aus

---

ständig aufgesogen wird, verdampft auf dem Wasserbade unter Umrühren mit einem Glasfaden zur Trockne und bringt den zerstossenen Rückstand mitsammt der Glasmasse in die Papierhülse des Soxhlet'schen Extractionsapparates, welcher unten in ein Kölbchen, das den Aether enthält, mündet, und oben mit einem Rückflusskühler in Verbindung steht; nach 10—12maligem Abhebern der ätherischen Flüssigkeit ist die Extraction vollkommen beendet. Der nach dem Verdunsten des Aethers bleibende Fettrückstand kann in dem vorher tarirten Kölbchen getrocknet und gewogen werden.

Andere Extractionsapparate sind von Drechsel, Gerber, Schulze, Tollens, Vohl, v. Zulkowski, Gantter, Thorn etc. angegeben.

Ueber Fettbestimmung der Magermilch s. Morgen, Chem. Zeit. 1884. 70 und Arch. f. Pharm. 1884. Heft 4. 162. [Anm. d. Uebers.]

dem specifischen Gewichte und dem Gesammtrückstand abgeleitet wird, ist die, dass man das Gewicht des Gesammtrückstandes mit dem Factor 0.725 multiplicirt, zu dem Producte die Grade der Dichtigkeit (auf Wasser = 1000 bezogen) addirt und die erhaltene Summe durch 4.33 dividirt; der Quotient ergiebt den Procentgehalt an festen Nicht-Fetten. Die Differenz zwischen dem Gesammtrückstand und den festen Nicht-Fetten bezeichnet sodann den Procentgehalt an Fett.*) —

Casein und Albumin. Die Hauptmenge der stickstoffhaltigen Bestandtheile der Milch eines gesunden Thieres besteht aus dem sogenannten Casein und Albumin; auch scheinen darin noch verhältnissmässig kleine Mengen anderer stickstoffhaltiger Substanzen enthalten zu sein. In dieser Hinsicht stimmt die Milch mit manchen anderen, complicirt zusammengesetzten Naturproducten überein, in welchen ebenfalls ein gewisser Procentsatz von nicht näher definirbaren Substanzen gefunden wurde, welche man etwa als Körper ansehen kann, die sich in verschiedenen Vorstufen der Entwickelung zu wohl characterisirten Verbindungen befinden. Zur Bestimmung des Caseins genügt es gewöhnlich, in dem trockenen Milchrückstande die Gesammtmenge des Stickstoffs zu ermitteln und denselben durch Multiplication seines Gewichtes mit 6.3**) auf Casein und Albumin zu berechnen.

---

*) Von anderen Apparaten und Methoden zur Bestimmung des Fettgehaltes der Milch seien hier erwähnt: Marchand-Sallerons Lactobutyrometer mit den Verbesserungen von Dietzsch; Soxhlet's aräometrische Methode zur Bestimmung des specifischen Cewichts der Aether-Fett-Lösung bei Magermilch (Zeitschr. des Landw.Vereins in Bayern 1882, p. 18) und Leo Liebermann's volumetrische Methode (Zeitschr. f. anal. Ch. 22, 383 und Techn. chem. Jahrb. V, 408.). Auf optischen Principien beruhen die Lactoscope von Vogel mit den Modificationen von Feser und Trommer, von Reischauer, Mittelstrass etc. [Anm. d. Uebers.]

**) Von vielen Autoren wird als anzuwendender Factor hier 6.25 angegeben; derselbe ist indessen nach Kirchner auch nicht genau, da die Annahme desselben einen Stickstoffgehalt von 16 % für alle Eiweisskörper zu Grunde legt, während das Casein 15.7 %, das Albumin 15.5 % N enthält. [Anm. d. Uebers.]

Zur Trennung der stickstoffhaltigen Substanzen in Casein und Albumin sind mehrere Methoden vorgeschlagen worden, doch können die Resultate, welche dieselben ergeben, als nur annähernd genau bezeichnet werden.

Zu einer gewogenen Menge Milch setzt man Essigsäure oder eine verdünnte Mineralsäure,*) bis sich das Casein als ein deutliches Coagulum abgeschieden hat; dasselbe wird abfiltrirt, gewaschen und sodann mit Aether behandelt, um etwas mit niedergerissenes Fett auszuziehen. Das gefällte Casein wird alsdann getrocknet, gewogen, eingeäschert und die dabei hinterlassene Quantität der Mineralsubstanz schliesslich von dem Gesammtgewichte des unreinen Caseins in Abzug gebracht.**)

---

*) Nach E. Pfeiffer (Techn. chem. Jahrb. V, 409, nach Zeitschr. f. anal. Ch. 22, 14.) eignet sich zur Coagulation der Muttermilch Salzsäure besser, als Essigsäure, da das Gerinnsel mit Letzterer so fein ist, dass kein klares Filtrat zu erzielen ist. Man mischt 10 gr. Milch mit der erforderlichen, vorher ermittelten Salzsäuremenge, filtrirt und wäscht das Coagulum aus, befreit es im Soxhlet'schen Apparate von Fett und wägt es nach dem Trocknen. Das Albumin fällt man durch Kochen des vom Casein befreiten Filtrates.
[Anm. d. Uebers.]

**) Nach G. Kühn werden 10—20 grm. Milch mit dem 11 fachen Volumen Wasser verdünnt und tropfenweise mit Essigsäure bis zur Coagulation versetzt. Das Coagulum wird auf einem gewogenen Filter gesammelt, zunächst mit Essigsäurehaltigem Wasser, dann mit heissem Alcohol und schliesslich erst mit warmem Aether behandelt, sodann getrocknet und gewogen. —

Hoppe-Seyler empfiehlt ausser dem Zusatz von Essigsäure zur Milch noch Kohlensäure hindurch zu leiten, da das Milchcasein in Kohlensäurehaltigen Flüssigkeiten erst vollkommen unlöslich ist.

Nach Kirchner (Handbuch der Milchwirthschaft p. 607) verfährt man zur Bestimmung der Menge sämmtlicher Eiweisskörper am besten nach der von Ritthausen (J. f. prakt. Ch. 15, 329) vorgeschlagenen Methode: 10 gr. Milch werden mit der 20fachen Menge Wasser verdünnt; mit Kupferlösung und gleich darauf mit Kali- oder Natronlauge versetzt. Der Niederschlag besteht aus einer Verbindung der Eiweissstoffe mit Kupfer und enthält ausserdem

Das nach der Abscheidung des Caseins erhaltene saure Filtrat wird eine kurze Zeit lang zum Kochen erhitzt, wodurch ein weiterer Niederschlag einer eiweissartigen Substanz erhalten wird, den man darauf, wie den obigen, auswäscht und trocknet. Aus dem Filtrate können noch kleine Mengen anderer stickstoffhaltiger Bestandtheile durch Zusatz von Mercuronitrat niedergeschlagen werden; doch ist die erhaltene Quantität derselben nur sehr gering, und es besitzen dieselben nur einen wenig ausgesprochenen Character.*)

Milchzucker. Die Quantität des Milchzuckers wird am besten durch das Polariscop bestimmt: 50 ccm Milch werden

---

sämmtliches Fett; derselbe wird auf einem gewogenen Filter gesammelt, mit Alcohol und Aether gewaschen; durch Verdunsten der aetherischen Flüssigkeit wird die Fettmenge bestimmt. Der Niederschlag wird auf dem Filter bei 125° getrocknet, gewogen und dann verascht; der Glühverlust ergiebt die Menge der Eiweissstoffe.
[Anm. d. Uebers.]

Zur getrennten Bestimmung von Casein und Albumin in solchen Fällen, wo das durch Essigsäure oder Kohlensäure aus der verdünnten Milch, resp. Rahm, ausgefällte Casein sich nicht gut abfiltriren lässt, erwärmt Struve (Journ. f. pr. Ch. 27, 249—256 u. Ber. D. Ch. Ges. 16, 1506) die unfiltrirte Flüssigkeit auf dem Wasserbade bis zur Coagulation des Albumins, filtrirt und behandelt den durch Aether entfetteten, bei 100° getrockneten, auf dem Filter gesammelten Niederschlag mit verdünntem Ammoniak, welches das Albumin nicht löst. In verdünnter Kalilauge lösen sich beide Stoffe unter Entwickelung von Ammoniak; wird diese Lösung gekocht und dann mit Essigsäure übersättigt, so entwickelt das Albumin Schwefelwasserstoff, nicht aber das Casein. [Anm. d. Uebers.]

*) Die nach der Abscheidung von Casein und Albumin in der Flüssigkeit noch enthaltenen Pepton-artigen Körper bezeichnet E. Pfeiffer (Techn. chem. Jahrb, V, 409 nach Zeitschr. f. anal. Ch. 22, 14) als Eiweissrest. Derselbe wird durch eine 10procentige Tanninlösung abgeschieden und betrug nach einer Reihe von Analysen 0.371 % bei einem Caseingehalt von 2.329 % und einem Albumingehalt von 0.224 %.

Ueber den Gehalt des Milchserums an Pepton vergl. Meissl: „Ueber die Veränderungen des Milchcaseins" Ber. Deutsch. Chem. Ges. 15, 1259. [Anm. d. Uebers.]

in einen Maasskolben von 100 ccm Inhalt gebracht und mit einer solchen Menge von basischer Bleiacetatlösung versetzt, dass man ein klares Filtrat erhält. Das Gemenge wird alsdann mit destillirtem Wasser auf 100 ccm aufgefüllt und filtrirt. Man beobachtet darauf den Drehungswinkel unter Anwendung eines 200 mm. langen, mit der klaren Lösung gefüllten Rohres und berechnet daraus den Procentgehalt an Zucker, indem man die Zahl 59.3 als das specifische Drehungsvermögen des Milchzuckers zu Grunde legt.

Der Zucker kann auch volumetrisch oder gewichtsanalytisch bestimmt werden, wie dies oben im Kapitel „Zucker" ausführlich beschrieben ist. (Vergl. Theil I p. 114.) Bevor man an die Zuckerbestimmung geht, ist es indessen nothwendig, das Casein aus der Milch abzuscheiden, was durch eine Lösung von Bleiacetat oder Kupfersulfat geschehen kann. Falls das Letztere angewandt wurde, wird darauf noch eine Kalilösung von entsprechender Stärke zugefügt, so dass alles, oder nahezu alles Kupfer aus der Lösung niedergeschlagen wird.

Wenn man die Reductionswirkung der Dextrose auf Kupferoxyd = 100 setzt, so ist die des Milchzuckers = 70.5, und es ist daher das für Dextrose erhaltene Resultat durch Multiplication mit dem Factor $\frac{100}{70.5}$ auf die Procente an Milchzucker umzurechnen.*)

---

*) Ausser nach den Theil I, p. 114 erwähnten Methoden kann nach Soxhlet (Journ. f. prakt. Ch. N. F. Bd. 21; 266) das abgeschiedene Kupferoxydul auch auf einem gewogenen Asbestfilter gesammelt, nach dem Auswaschen und Trocknen im Wasserstoffstrome reducirt und aus dem Gewichte des erhaltenen metallischen Kupfers der Michzucker mit Hülfe der Allihn'schen Tabellen (Neue Zeitschrift für Rübenzuckerindustrie) berechnet werden. — Vergl. auch Soxhlet, das Reductionsverhältniss der Zuckerarten zu alkalischen Kupferlösungen. (Chem. Centr. Bl. 1878 Nr. 14.)

[Anm. d. Uebers.]

Asche. Zur Bestimmung der Gesammtmenge der Asche kann der oben erhaltene, entfettete feste Rückstand benutzt werden. Die Veraschung soll bei möglichst niederer Temperatur unter Anwendung eines englischen Argand-Brenners stattfinden. Die Asche muss vollkommen weiss gebrannt sein, ehe ihr Gewicht endgültig bestimmt wird; dieselbe soll nicht zum Schmelzen gebracht werden; auch darf man keine Bunsen'sche Flamme benutzen, da sonst leicht ein Verlust an Asche stattfinden kann. Der veraschte Rückstand wird sodann mit destillirtem Wasser behandelt und in dem Filtrate das Chlor volumetrisch durch $^1/_{10}$ Normal-Silbernitrat-Lösung bestimmt. Zu einer vollständigen Aschenanalyse werden drei verschiedene Portionen der Asche von je 50 bis 100 Gramm Milch in Arbeit genommen und die eine zur Bestimmung der Alkalien, die zweite für die der Chloride und Sulfate, und die dritte für die Bestimmung der Phosphate benutzt; die Trennung und Bestimmung derselben geschieht nach den gewöhnlich gebräuchlichen Methoden.

Untersuchung von abgerahmter Milch.

Wenn die Milch zwanzig bis vierundzwanzig Stunden lang ruhig stehen bleibt, so scheidet sich der grössere Theil des Fettes in den oberen Schichten ab und kann abgehoben werden.[*]) Der Rückstand wird abgerahmte Milch genannt; dieselbe enthält jedoch auch noch 0.5—1% Fett; die Kügelchen, aus welchen dieses besteht, sind aber bedeutend kleiner als diejenigen, welche die Hauptmenge des Rahmes bilden. Da das Aufsteigen der kleineren Kügelchen durch die Milchmasse erheblich langsamer erfolgt, als das der grösseren, so können die Ersteren, in Folge dieses Mangels an Auftrieb, die Oberfläche der Flüssigkeit nicht erreichen, bevor es nothwendig erscheint, den Rahm zu entfernen. Die Milch zeigt

---

*) S. auch Lawrence; Bereicherung von abgerahmter Milch durch künstlich zugeführte Fettstoffe. Engl. Pat. N. 2869 v. 8/6. 1883. Chem. Zeit. 1884. N. 46. 822. [Anm. d. Uebers.]

nach dem Abrahmen einen bedeutend höheren Procentgehalt an festen Nicht-Fetten, als vor der Abscheidung der Sahne, was natürlich auch mit einem verhältnissmässig grösseren Antheil an nicht-fettartigen flüssigen Bestandtheilen verbunden ist. Es lässt sich desshalb die Aechtheit einer abgerahmten Milch nur in weiteren Durchschnittsgrenzen als die einer normalen Milch beurtheilen. Der Gang der Untersuchung selbst unterscheidet sich natürlich in keiner Hinsicht von dem, welcher bei der gewöhnlichen Milch angegeben wurde.*)

Untersuchung von saurer Milch.

Es kommt nicht selten vor, dass man eine Untersuchung von Milchproben vornehmen muss, welche schon eine Zeit lang — etwa 2 — 3 Tage oder mehrere Wochen lang — gestanden haben; während dieser Zeit gerinnt die Milch und wird sauer. In solchen Fällen wird eine geringe Abnahme an festen Nicht-Fetten Platz gegriffen haben; es ist dies die Folge des Beginnens einer Art von Gährung, welche einen Theil des Milchzuckers hauptsächlich in Milchsäure und in geringerem Maasse in Alcohol und gasförmige Kohlensäure verwandelt.**) Die Verminderung an festen

---

*) Zur Unterscheidung frischer Milch von gekochter theilt C. Arnold (Arch. Pharm. 19, 41) folgende Reactionen mit: Frische Milch färbt sich in Folge ihres Ozongehalts mit Guajactinctur sofort oder nach einigen Secunden mehr oder minder intensiv blau; auf 80^0 erhitzte bleibt dabei unverändert. Künstlich bereitete Oelemulsionen werden ebenfalls gefärbt. — Frische Milch bläut sich beim Versetzen mit Jodkalium und Terpentinöl; aufgekochte in geringerem Grade. — Wird die Milch nach 12—20stündigem Stehen mit Essigsäure coagulirt, so giebt das Filtrat die Pepton-Kupfer-(Biuret-)Reaction (violette Färbung der sehr schwach alkalisch gemachten Flüssigkeit auf Zusatz von sehr wenig Kupfersulfat); frische Milch zeigt diese Erscheinung nicht. [Anm. d. Uebers.]

**) Nach Arnold (Arch. d. Pharm. 20, 291) findet sich in der frischen Kuhmilch ein Gehalt an freien Fettsäuren von 0.8 pCt. bei einem Fettgehalte von 5.45 pCt. [Anm. d. Uebers.]

Nicht-Fetten, welche die sauer gewordene Milch zeigt, ist jedenfalls die Folge dieser Bildung an Alcohol, da ja der Milchzucker in Wirklichkeit geradeauf in Milchsäure übergehen kann; da auch die Milchsäure selbst nicht flüchtig ist, so müsste sich ihr Gewicht nach dem Trocknen wieder ganz genau ergeben. Derjenige Antheil Zucker dagegen, welcher durch die alcoholische Gährung zersetzt wird, geht fast gänzlich für die Waage verloren, denn der Alcohol entweicht beim Eindampfen der Milch, und es wird nur die verhältnissmässig kleine, in der Milch gelöst gebliebene Menge Kohlensäure als Carbonat zurückgehalten, falls man die Milch, wie nachstehend beschrieben, vor dem Eindampfen neutralisirt. Wegen dieser Zersetzung muss daher augenscheinlich eine Correction angebracht werden, und zwar durch Vermehrung der Menge der festen Nicht-Fette je nach der Zeitdauer des Aufbewahrens der Milch; denn nur auf diese Weise kann man ein genaues Urtheil über die Zusammensetzung der Milch gewinnen, bevor eine Veränderung derselben irgend welcher Art stattgefunden hat.

Man hat behauptet, dass der Fettgehalt der sauren Milch mit dem Verlust an Eiweissstoffen zunimmt; die Resultate unserer Untersuchungen zeigen indessen, dass eine solche Annahme unbegründet ist. Man erhält aus saurer Milch nicht selten 0,05 pCt. Fett mehr, als aus derselben Milch, so lange sie frisch ist; doch rührt dies zum Theil von der Thatsache her, dass — in Folge der Verminderung der Nicht-Fette — 100 Theile der zersetzten Milch mehr, als 100 Theilen der ursprünglichen Milch entsprechen; zum Theil auch davon, dass der Verdampfungsrückstand der sauren Milch, nachdem dieselbe neutralisirt wurde, viel leichter in einen Zustand feiner Zertheilung gebracht werden kann, und dass daher der Aether die letzten Spuren Fett gründlicher zu lösen vermag, als bei frischer Milch.

Bei der Bestimmung der festen Nicht-Fette und des Fettes in der sauren Milch erweist es sich als nothwendig, eine Modification des für frische Milch angegebenen Verfahrens eintreten zu lassen, da auch die Milchsäure in Aether löslich ist und dieselbe scheinbar als Fett mitbestimmt werden, also das Gewicht des erhaltenen Fettes vermehren würde; und weil es ferner fast unmöglich ist, die Milch bei Gegenwart freier Säure genügend auszutrocknen, ohne dass der Rückstand einen Gewichtsverlust durch Zersetzung erleidet. Die nachstehend beschriebene Methode ist als sehr genau befunden worden:

Man tarirt drei passende Platinschaalen, zwei derselben gleichzeitig mit Glasstäben, welche an einem Ende spatelförmig abgeplattet sind; von der sauren Milch, welche man vorher durch schnelles Rühren mittelst eines lockeren Gewindes von feinem Kupferdraht einige Minuten lang vollkommen durchgemischt hat, werden in jede Schaale 10 bis 12 Gramm gebracht und das Gewicht unmittelbar darauf genau bestimmt. Die einzelnen Portionen werden darauf mit $1/10$ Normal-Natronlauge neutralisirt und für jede die verbrauchte Anzahl Cubikcentimeter des Alkali's notirt. Der Inhalt der beiden, mit Glasstäben versehenen Schaalen wird verdampft, bis der Rückstand nahezu trocken geworden ist oder die Consistenz einer festen Masse zeigt, was durch gelegentliches Umrühren, besonders gegen das Ende des Verdampfens, befördert werden kann.

Die dritte Portion wird vollkommen ausgetrocknet und in dieser die Gesammtmenge der festen Bestandtheile, sowie die Asche bestimmt.

Aus den beiden andern Rückständen wird das Fett mittelst Aether auf dem üblichen Wege ausgezogen und die entfetteten Rückstände werden alsdann auf dem Wasserbade ebenfalls vollkommen ausgetrocknet. Nach dem Verdampfen der ätherischen Lösung wird man in dem zurückbleibenden Fett keine Spur von anderen festen Bestandtheilen der Milch finden, vorausgesetzt, dass man die Milch vorher ganz genau neutralisirt hatte. Nachdem das Gewicht der entfetteten festen Rückstände bestimmt ist, muss ein

Abzug davon für die zugesetzte Natronlösung vorgenommen werden. Die Gewichtszunahme der Rückstände, welche durch den Zusatz von Natron entsteht, ergiebt sich aus folgender Gleichung:

$$C_3H_6O_3 + NaOH = C_6H_5NaO_3 + OH_2$$
Milchsäure + Natriumhydrat = Natriumlactat + Wasser.

Je ein Moleculargewicht der Milchsäure hat demnach um das Gewicht von 1 Atom Natrium minus dem Gewicht von 1 Atom Wasserstoff zugenommen. Diese Zunahme, nach den Atomgewichten in Rechnung gezogen, beträgt 22. Wenn daher zur Neutralisation der sauern Milch $^1/_{10}$ Normal-Natronlauge benutzt wurde, so wird jeder Cubikcentimeter der Letzteren das Gewicht des festen Milchrückstandes um 0.0022 Gramm vermehren; diese Zahl, mit der Anzahl der verbrauchten Cubikcentimeter Natronlauge multiplicirt, ergiebt die von dem Gewichte des Natrium-haltigen Rückstandes abzuziehende Grösse. Ebenso muss ein entsprechender Abzug von dem festen Gesammtrückstand vorgenommen werden. Für die bei der Asche anzubringende Correction ist zu berücksichtigen, dass das zugesetzte Natriumhydrat beim Glühen des Rückstandes in Natriumcarbonat verwandelt wird; der Factor, mit dem man die Anzahl der verbrauchten Cubikcentimeter Natronlauge multipliciren muss, ist demnach 0,0053. — Der nachstehend beschriebene, wirklich ausgeführte Versuch wird diese Methode näher erläutern:

Die zur Bestimmung des Gesammtrückstandes angewandte Quantität Milch betrug 9.517 g.

Es wurden zur Neutralisation derselben 7.0 ccm $^1/_{10}$ Normal-Natronlösung verbraucht, also: 7.0 × 0.0022 = 0.0154 g Gewichtszunahme.

Gewicht des trockenen Gesammtrückstandes 1.1390 g.
davon in Abzug zu bringen sind . . . 0.0154 „
Bleibt fester Milchrückstand . . . . . . 1,1236 „

$\frac{1.1236}{9.517} \times 100 = 11{,}80$ Procent feste Bestandtheile.

Bestimmung der festen Nicht-Fette.

Versuch I.

Angewandte Milch . . 8.223 g.
Verbrauchte Natron-
lösung . . . . . 6.000 c. c.
Trockener Rückstand 0.7200 g.
Abzuziehen sind 6.0 ×
0.0022 = 0.0132 „
bleibt 0.7068 g.

$$\frac{0.7068 \times 100}{8.223} = 8.59\,\%\ \text{feste Nichtfette.}$$

Trockenes Fett . . . 0.2670 g.

$$\frac{0.267 \times 100}{8.223} = 3.24\,\%\ \text{Fett.}$$

Versuch II.

Angewandte Milch . . 8.728 g.
Verbrauchte Natron-
lösung . . . . . 6.400 c. c.
Trockener Rückstand 0.76500 g.
Abzuziehen sind 6.4 ×
0.0022 = 0.01408 „
bleibt 0.75092 „

$$\frac{0.75092 \times 100}{8.728} = 8.60\,\%\ \text{feste Nichtfette.}$$

Trockenes Fett . . . 0.285 g.

$$\frac{0.285 \times 100}{8.728} = 3.26\,\%\ \text{Fett.}$$

Aschenrückstand . . . . 0.1100 g.
Davon abzuziehen sind 7.0 × 0.0053 = 0.0317 „
bleibt 0,0729 g.

$$\frac{0.0729 \times 100}{9.517} = 0.76\,\%\ \text{Asche.}$$

Das Chlor in der Asche wurde mit $^1/_{10}$ Normal-Silbernitrat-Lösung bestimmt.

Es waren zur Fällung des Chlors 3,0 c. c. der Silberlösung erforderlich.

$$\frac{0.00355 \times 3.0 \times 100}{9.517} = 0.11\,\%\ \text{Chlor.}$$

Es würde unzulässig sein, den festen fettfreien Rückstand dadurch bestimmen zu wollen, dass man zuerst die Gesammtmenge der festen Bestandtheile wägt und dann das Gewicht des erhaltenen Fettes in Abzug bringt; es ist auch schwierig, den Trockenrückstand von constantem Gewicht zu erhalten, wenn das Fett nicht zuvor gut entfernt worden ist. Man muss sich daher nothwendig nur auf das wirkliche Gewicht der festen Nichtfette verlassen, da diese sich allein zu constantem Gewichte bringen lassen, ohne eine merkliche Zersetzung zu erleiden.

Die zugelassenen Schwankungen für die eintretende Einbusse der Milch an festen Nichtfetten gründen sich auf die Zahlen, welche thatsächlich bei zahlreichen Milchproben gefunden wurden, nachdem dieselben im frischen Zustande und sodann in Zwischenräumen von einer bestimmten Anzahl Tage untersucht worden waren.

Diese Abnahme zeigt für dieselbe Jahreszeit befriedigende Uebereinstimmung; ihre Grösse schwankt jedoch innerhalb gewisser Grenzen mit den laufenden Veränderungen in der Temperatur der Atmosphäre, indem sich mit dem Steigen der Temperatur eine schwache Erhöhung der Abnahme zeigt. Der Verlust an festen Nichtfetten ist verhältnissmässig während der ersten Woche der Aufbewahrung der Milch am grössten, nämlich im Mittel 0.24 %; für die zweite Woche beträgt er durchschnittlich 0.10 % mehr und für jeden Tag darnach 0.01 %. In Anbetracht dieser Schwankungen stellt sich die den festen Nichtfetten zuzuzählende Grösse nach der Anzahl der Aufbewahrungstage der Milch, wie folgt:

nach 7 Tagen . . . . 0,24 Procent
" 14 " . . . . 0,34 "
" 21 " . . . . 0,41 "
" 28 " . . . . 0,48 "
" 35 " . . . . 0,55 "

Wie bereits erwähnt, wird man je nach den Verhältnissen, unter denen die Milch aufbewahrt wurde, geringe Abweichungen von diesen Zahlen finden, doch wird der Unterschied — sei er grösser oder kleiner — im Allgemeinen durch die Acidität der Milch (auf Milchsäure berechnet) angezeigt. Bei sorgfältiger Ausführung der Untersuchung in der angegebenen Art und Weise wird der etwa verursachte Fehler 0.10 % an festen Nichtfetten nicht übersteigen; bei einer mit Wasser versetzten Milch würde das Resultat innerhalb 1 % der Menge des hinzugemischten Wassers fallen, wie dies durch vorherige Untersuchung der frischen Milch constatirt wurde.

Bei den Versuchen, auf deren Resultate diese Correctionen begründet sind, wurde die Milch in zu drei Viertel gefüllten, sorgfältig verkorkten Flaschen aufbewahrt und auf solchen Wärmegraden erhalten, wie man sie in der Regel bei Proben erwarten darf, welche in Bezugnahme auf das Nahrungsmittelgesetz angehalten wurden.*)

---

*) *Notiz über Krankheiten der Milch.*

Ueber die Erscheinung der blauen Milch, die fast nur in der norddeutschen Tiefebene vorkommt und nicht giftig ist s. Neelsen (Zeitschr. d. Biol. f. Pflz. von F. Cohen und Ind. Bl. 1881. 366); der Farbstoff ist nicht an die gleichzeitig auftretenden, wahrscheinlich farblosen Bacterien gebunden; sein spectroscopisches Verhalten zeigt manche Aehnlichkeit mit dem des Triphenylrosanilins. — Nach Reiset (Compt. rend. 96, 682 und 745 und Techn. chem. Jahrb. V. 404) entsteht die blaue Milch bei schlechter Ventilation im Aufbewahrungsraum (s. auch Herter, Milchzeit. 1881. 28) und wird durch einen blauen, bis 20 mm lang werdenden Pilz verursacht. — Nach Hansen (Pharm. Centr. H. 1881. 20) tritt das Blauwerden der Milch nur nach vollständiger Gerinnung ein und zeigen sich dabei Pigmentbacterien von Stäbchenform, die sich auf Milch, Pflanzenschleim, Kartoffeln etc. weiter cultiviren lassen. — S. auch Bourquelot, die Mikroben der blauen Milch. (Rev. Scient. [3] 33. 427.) — Nach Fleischmann (Milchzeit. 1881. 38) wird Magermilch nicht nur rascher, sondern auch stärker inficirt, als normale Milch; s. dort auch über das Verhalten des blauen Farbstoffes gegen Alcohol, Petroleumbenzin, Säuren etc. — Vergleiche besonders die ausführlichen Untersuchungen von Ferd. Hueppe über die Zersetzung der Milch durch Microorganismen, im II. Bande der Mittheil. des Kaiserl. Gesundheitsamtes. Berlin 1884. p. 309, wo die Geschichte der Milchsäuregährung, die Organismen der Milch- und Buttersäuregährung, der blauen Milch und andere Pigment bildende Bacterien ausführlich behandelt werden; s. auch Chem. Centralbl. 1884. p. 315.

Ueber gelbe Milch mit veränderten Milchkügelchen, Krystallscheiben und Nadeln, Micrococcen, Bacillen und Petalococcen, aber ohne Vibrio xantogenus, die beim Erwärmen einen ranzigen Geruch giebt; s, Perconcito. Milchzeit. 1881, 612 u. Techn. chem. Jahrb. IV. 281.

Ueber fadenziehende Milch mit Microorganismen, welche nicht das Casein, sondern den Milchzucker zersetzen und als Ursache der schleimigen Gährung anzusehen sind, s. Schmidt-Mühlheim. Centr. Bl. f. klin. Med. 1882 u. Techn. chem. Jahrb. IV. 281. — Ueber schleimige Milch und über Oidium Lactis s. auch Hueppe in den oben erwähnten Mitth. d. Kais. Gesundheitsamtes. [Anm. d. Uebers.]

Verfälschungen.

Das der Milch hauptsächlich zugesetzte Fälschungsmittel ist Wasser*); auch wurden gelegentlich Zucker, Glycerin, Soda, Kochsalz und Salicylsäure in Anwendung gebracht. Die letzteren Substanzen setzt man augenscheinlich nicht zu dem Zwecke hinzu, dass man dadurch das Quantum der Milch vermehren will; einige derselben werden vielmehr zur Verdeckung eines Wasserzusatzes benutzt und um die Bestimmung des Wassergehalts zu erschweren; andere, um das schnelle Sauerwerden der Milch zu verhüten.

Im Laufe der Zeit sind verschiedene Methoden zur Untersuchung der Milch vorgeschlagen worden, von denen einige sehr scharfsinnig sind. Der Gang der Untersuchung, welcher von den meisten englischen Nahrungsmittelchemikern befolgt wird, besitzt den Vorzug grosser Einfachheit und giebt gleichzeitig sehr gut übereinstimmende Resultate, falls die nöthige Sorgfalt bei den Manipulationen angewandt wird.

Die Untersuchungsmethode, welche in der Bestimmung des Fettes, der festen Nichtfette und der Asche besteht, ist oben, Seite 14—22 beschrieben worden, und in praxi kann man sich durch Erwägung dieser drei Daten recht gut ein Urtheil über die Beschaffenheit einer Milch bilden.

Es würde verhältnissmässig leicht sein, eine Milch zu begutachten, wenn diese Flüssigkeit überhaupt immer von ganz gleichmässiger Zusammensetzung wäre; aus den nachstehenden Resultaten der Untersuchung von nahezu 240 Proben ersieht man jedoch, dass beträchtliche Schwankungen in den Mischungsverhältnissen der Milch von verschiedenen Kühen sich zeigen.

Die folgenden Beispiele repräsentiren sehr gut die gewöhnlich vorkommenden Variationen, und da die Kühe jedesmal in Gegenwart einer Vertrauensperson gemelkt wurden, kann die Aechtheit der betreffenden Milch in jedem Falle beglaubigt werden:

---

*) S. Sambuc, Untersuchungen über die Vermischung der Milch mit Wasser. Journ. Pharm. Chim. 5, 95 u. Chem. Zeit. (Koethen) 8. No. 16. 297. [Anm. d. Uebers.]

Tabelle V. — Analysen von Milch.

Specifisches Gewicht (Wasser = 1000)	Gewichtsprocente an				Volumenprocente an Sahne
	Festen Bestandtheilen			Asche	
	Nicht-Fette	Fett	Summa		
1033.36	10.85	5.44	16.29	0.69	11.00
1026.70	8.20	4.66	12.86	0.65	14.00
1030.19	8.79	4.79	13.58	0.71	3.25
1030.96	8.77	2.65	11.42	0.69	3.25
1029.04	10.33	6.87	17.20	0.87	25.00
1030.61	8.44	4.61	13.05	0.69	6.50
1035.59	9.87	4.09	13.96	0.85	11.00
1033.95	9.88	5.36	15.24	0.77	15.50
1032.70	10.57	2.58	13.15	0.69	4.00
1031.21	9.11	4.09	13.20	0.69	12.00
1032.63	8.92	4.06	12.98	0.65	5.50
1030.00	8.63	3.52	12.15	0.64	7.00
1031.04	9.17	3.55	12.72	0.68	3.50
1029.89	8.81	4.04	12.85	0.66	9.00
1036.08	10.54	3.18	13.72	0.75	4.50
1031.68	9.30	4.38	13.68	0.81	9.00
1033.60	10.02	4.31	14.33	0.75	8.00
1028.35	10.42	5.66	16.08	0.77	19.00
1027.68	9.12	4.55	13.67	0.79	6.50
1027.60	10.11	5.36	15.47	0.77	7.75
1030.94	9.93	4.13	14.06	0.75	5.00
1029.78	8.90	4.29	13.19	0.78	20.00
1031.17	9.12	4.36	13.48	0.80	14.00
1030.56	8.80	3.38	12.18	0.73	10.50
1030.77	9.35	4.55	13.90	0.82	14.50
1030.40	9.21	4.56	13.77	0.71	5.00
1031.05	9.54	5.77	15.31	0.69	17.50
1031.50	9.40	4.38	13.78	0.83	12.00
1029.92	8.92	4.83	13.75	0.65	11.00
1032.56	9.78	4.97	14.75	0.76	21.00
1030.40	9.23	4.00	13.23	0.75	11.00
1030.28	9.46	4.59	14.05	0.74	25.00
1035.56	9.71	4.13	13.84	0.79	12.00
1031.05	8.70	3.11	11.81	0.78	7.50

Tabelle V. — Fortsetzung.

Specifisches Gewicht (Wasser = 1000)	Gewichtsprocente an				Volumen-procente an Sahne
	Festen Bestandtheilen			Asche	
	Nicht-Fette	Fett	Summa		
1031.05	8.74	4.55	13.29	0.71	14.00
1031.37	8.70	3.97	12.67	0 73	14.50
1031.25	8.68	3.69	12.37	0.74	13.00
1032.00	8.92	4.00	12.92	0.69	5.00
1031.53	9.23	6.22	15.45	0.72	16.00
1030.56	8.63	3.50	12.13	0.73	6.50
1033.20	9.88	4.43	14.31	0.75	6.50
1031.21	9.16	3.76	12.92	0.75	10.00
1033 09	9.29	2.47	11.76	0.84	7.25
1032.92	9.28	4.17	13.45	0.78	8.25
1033.70	9.29	3.45	12.74	0.77	5.00
1032.61	9.08	3.55	12.63	0.78	10.00
1031.60	8.58	3.70	12.28	0.66	6.50
1030.61	8.60	2.67	11.27	0.71	8.00
1030.99	8.97	2.71	11.68	0.73	6.25
1032.00	9.09	2.32	12.41	0.67	8.00
1030.50	8.50	3.22	11.72	0.69	7.50
1032.37	8.95	2.25	11.20	0.75	4.00
1031.90	9.12	2.53	11.65	0.76	9.00
1029.90	9.03	3.99	13.02	0.71	5.00
1031.29	8.94	4.10	13.04	0.66	5.50
1030.00	8.89	3.86	12.75	0.67	8.00
1029.02	8.33	2.95	11.28	0.63	Geronnen
1030.50	8.74	3.60	12.34	0.62	7.00
1028.85	8.50	3.36	11.86	0.75	9.00
1030.30	8.64	3.75	12.39	0.65	5.50
1029.30	8.74	4.08	12.82	0.66	13.00
1029.23	9.06	3.45	12.51	0.79	5.25
1029.20	8.90	4.99	13.89	0.71	9.00
1030.15	9.02	4.68	13.70	0.72	18.00
1030.94	9.41	5.27	14.68	0.74	11.00
1027.92	8.23	4.90	13.13	0.67	9.00
1029.30	8.81	4.85	13.66	0.75	7.50
1034.88	10.13	3.88	14.01	0.78	9.00

Tabelle V. — Fortsetzung.

Specifisches Gewicht (Wasser = 1000)	Gewichtsprocente an			Asche	Volumenprocente an Sahne
	Festen Bestandtheilen				
	Nicht-Fette	Fett	Summa		
1030.19	8.98	2.29	11.27	0.72	3.50
1029.40	8.59	2.26	10.85	0.73	2.00
1030.49	8.95	2.91	11.86	0.72	2.50
1027.67	8.58	3.73	12.31	0.79	8.00
1027.53	8.34	4.34	12.68	0.69	5.50
1030.20	9.37	3.91	13.28	0.69	9.00
1029.52	8.46	3.09	11.55	0.68	6.00
1028.78	8.90	3.11	12.01	0.70	7.50
1031.35	9.05	4.16	13.21	0.66	7.50
1028.85	8.70	4.41	13.11	0.65	8.00
1028.72	8.48	4.24	12.72	0.71	10.50
1032.05	9.49	4.73	14.22	0.71	5.00
1027.05	8.00	2.31	10.31	0.62	3.00
1031.71	9.54	3.23	12.77	0.75	7.00
1029.34	8.54	2.78	11.32	0.65	5.00
1030.14	8.86	2.31	11.17	0.72	5.00
1030.00	8.66	2.19	10.85	0.76	3.50
1029.02	8.83	4.57	13.40	0.67	4.50
1029.27	8.31	3.39	11.70	0.66	5.00
1031.25	9.21	4.20	13.41	0.72	7.00
1031.40	9.66	3.19	12.85	0.71	9.00
1028.13	8.02	3.65	11.67	0.71	7.00
1029.03	8.81	4.54	13.35	0.65	9.50
1031.26	8.89	3.00	11.89	0.73	5.50
1031.25	9.16	4.87	14.03	0.72	12.00
1030.38	8.69	3.75	12.44	0.69	8.50
1028.76	8.37	3.76	12.13	0.77	7.00
1029.82	8.87	4.77	13.64	0.76	6.50
1029.74	8.80	3.77	12.57	0.72	6.00
1028.39	8.53	4.57	13.10	0.71	12.00
1029.76	8.59	2.83	11.42	0.78	6.00
1028.78	8.72	4.77	13.49	0.71	8.00
1028.40	8.42	4.23	12.65	0.74	5.50
1029.11	8.71	3.82	12.53	0.74	11.00

Tabelle V. — Fortsetzung.

Specifisches Gewicht (Wasser = 1000)	Gewichtsprocente an				Volumenprocente an Sahne
	Festen Bestandtheilen			Asche	
	Nicht-Fette	Fett	Summa		
1028.47	8.58	3.90	12.48	0.76	11.00
1027.54	8.49	4.66	13.15	0.74	5.00
1028.50	9.08	4.33	13.41	0.70	11.00
1029.41	8.48	3.67	12.15	0.77	9.00
1029.31	8.33	3.17	11.50	0.74	5.50
1031.31	9.20	3.90	13.10	0.78	6.00
1028.94	8.77	3.08	11.85	0.77	11.00
1027.90	8.01	2.42	10.43	0.69	3.50
1030.46	8.66	2.77	11.43	0.68	6.00
1027.71	9.49	6.20	15.69	0.76	24.00
1027.32	8.54	4.94	13.48	0.68	15.00
1028.30	8.43	3.17	11.60	0.71	9.00
1033.26	9.40	2.93	12.33	0.70	10.00
1032.38	9.10	2.56	11.66	0.70	6.00
1032.88	9.07	1.92	10.99	0.73	5.00
1028.69	8.52	3.63	12.15	0.68	11.00
1031.57	10.31	4.55	14.86	0.73	10.00
1031.40	9.90	4.92	14.82	0.76	15.00
1033.05	10.44	4.69	15.13	0.70	22.00
1031.12	9.75	5.14	14.89	0.76	15.00
1030.86	9.26	4.84	14.10	0.72	10.00
1030.80	9.15	4.80	13.95	0.75	19.00
1031.80	9.00	2.96	11.96	0 70	10.00
1032.50	9.45	2.47	11.92	0.69	5.50
1034.86	10.08	3.64	13.72	0.76	6.00
1030.72	8.60	3.29	11.89	0.67	6.00
1033.37	9.71	3.64	13.35	0.69	5.00
1033.40	9.81	4.49	14.30	0.77	15.00
1032.29	9.84	3.23	13.07	0.77	10.00
1031.69	8.93	3.52	12.45	0.70	9.00
1032.98	9.27	3.88	13.15	0.72	5.50
1034.08	9.79	3.84	13.63	0.74	10.00
1031.27	9.40	3.27	12.67	0.74	8.00
1030.17	8.87	3.50	12.37	0.70	5.50

Tabelle V. — Fortsetzung.

Specifisches Gewicht (Wasser = 1000)	Gewichtsprocente an			Asche	Volumenprocente an Sahne
	Festen Bestandtheilen				
	Nicht-Fette	Fett	Summa		
1030.10	8.91	3.24	12.15	0.72	5.50
1029.93	9.11	4.32	13.43	0.78	26.00
1030.58	8.95	3.01	11.96	0.68	9.00
1028.97	8.83	4.05	12.88	0.64	7.00
1031.21	9.28	3.68	12.96	0.68	9.00
1029.95	8.77	3.91	12.68	0.65	4.50
1030.59	8.92	3.83	12.75	0.68	14.50
1028.19	8.09	3.78	11.87	0.76	7.00
1029.05	8.36	3.88	12.24	0.68	10.00
1029.88	8.90	3.93	12.83	0.78	15.50
1031.21	9.11	2.89	12.00	0.79	10.00
1034.21	9.60	2.44	12.04	0.79	6.00
1032.57	9.33	2.64	11.97	0.70	11.50
1034.26	9.94	3.08	13.02	0.73	8.00
1036.94	10.58	3.67	14.25	0.79	20.00
1031.77	9.40	4.46	13.86	0.70	17.00
1031.72	9.05	2.94	11.99	0.68	5.50
1032.06	9.61	4.72	14.33	0.70	12.00
1031.41	9.15	4.03	13.18	0.70	6.00
1030.44	9.01	4.82	13.83	0.72	9.50
1031.36	9.32	4.10	13.42	0.72	6.50
1033.40	10.75	4.10	14.85	0.70	8.00
1031.81	9.79	3.62	13.41	0.74	10.00
1032.99	10.33	4.25	14.58	0.72	15.00
1031.10	9.63	4.48	14.11	0.80	11.00
1031.72	9.90	4.50	14.40	0.76	10.00
1033.44	9.52	3.01	12.53	0.72	11.00
1034.41	10.38	3.40	13.78	0.79	9.00
1033.66	10.13	4.83	14.96	0.76	17.00
1033.70	8.97	3.31	12.28	0.68	7.50
1033.47	9.93	3.37	13.30	0.67	6.00
1033.34	9.56	3.35	12.91	0.78	6.00
1032.40	9.32	3.88	13.20	0.68	9.00
1033.84	10.50	3.78	14.28	0.84	10.00

Tabelle V. — Fortsetzung.

Specifisches Gewicht (Wasser = 1000)	Gewichtsprocente an			Asche	Volumen-procente an Sahne
	Festen Bestandtheilen				
	Nicht-Fette	Fett	Summa		
1033.82	9.89	2.62	12.51	0.70	7.00
1033.32	9.50	3.80	13.30	0.69	9.00
1031.32	8.91	3.11	12.02	0.62	3.50
1031.40	8.77	2.65	11.42	0.66	3.00
1030.80	8.70	3.45	12.15	0.63	6.00
1031.26	8.77	3.31	12.08	0.71	2.00
1030.42	8.60	3.46	12.06	0.65	3.00
1028.30	8.65	4.11	12.76	0.63	11.00
1030.20	9.54	3.35	12.89	0.71	8.50
1035.20	10.58	3.16	13.74	0.75	13.00
1031.70	9.75	2.50	12.25	0.67	5.50
1032.80	9.90	4.41	14.31	0.76	18.00
1028.90	8.43	3.22	11.65	0.67	6.00
1029.50	8.39	2.97	11.36	0.70	14.00
1030.80	8.66	2.27	10.93	0.62	3.00
1032.43	9.35	2.34	11.69	0.77	12.00
1032.28	9.65	3.15	12.80	0.79	15.00
1031.50	9.29	3.09	12.38	0.68	12.00
1030.95	10.00	2.69	12.69	0.72	13.00
1031.71	9.61	4.58	14.19	0.68	16.00
1031.48	9.25	2.50	11.75	0.70	13.00
1031.72	9.65	2.59	12.24	0.78	13.00
1034.65	10.55	2.51	13.06	0.76	17.50
1029.37	8.66	3.51	12.17	0.63	8.00
1029.00	8.83	3.25	12.08	0.66	9.50
1031.52	9.36	3.12	12.48	0.66	2.00
1034.20	10.44	2.20	12.64	0.80	8.00
1033.20	9.86	2.52	12.38	0.75	8.00
1032.90	10.25	3.07	13.32	0.77	14.00
1028.80	8.38	3.18	11.56	0.74	7.00
1031.70	9.25	2.59	11.84	0.72	7.00
1032.90	9.34	2.59	11.93	0.78	6.50
1028.20	8.33	3.80	12.13	0.73	9.00
1029.90	9.36	4.04	13.40	0.74	9.50

Tabelle V. — Fortsetzung.

Specifisches Gewicht (Wasser = 1000)	Gewichtsprocente an				Volumenprocente an Sahne
	Festen Bestandtheilen			Asche	
	Nicht-Fette	Fett	Summa		
1030.30	10.34	3.99	14.33	0.77	15.00
1029.80	9.19	5.73	14.92	0.78	15.00
1032.90	11.27	3.99	15.26	0.87	—
1031.90	9.56	3.69	13.25	0.71	11.00
1030.40	8.83	3.02	11.85	0.76	6.00
1030.60	8.93	2.93	11.86	0.72	2.00
1031.70	10.01	3.81	13.82	0.75	10.00
1031.10	9.83	2.76	12.59	0.76	16.00
1032.10	9.43	3.41	12.84	0.76	8.00
1032.90	9.77	4.15	13.92	0.69	15.00
1028.70	8.87	4.83	13.70	0.67	16.00
1031.50	9.18	4.15	13.33	0.73	12.50
1029.60	8.77	3.83	12.60	0.76	12.00
1029.10	8.28	3.46	11.74	0.73	8.00
1031.00	8.90	3.79	12.69	0.78	10.00
1032.30	9.94	6.05	15.99	0.79	11.00
1031.20	9.33	5.32	14.65	0.71	14.00
1030.90	9.26	5.07	14.33	0.72	7.00
1033.60	9.79	4.30	14.09	0.82	—
1029.80	9.10	6.79	15.89	0.72	—
1030.30	8.74	3.56	12.30	0.76	—
1033.00	9.63	5.25	14.88	0.75	—
1033.50	9.28	4.87	14.15	0.83	—
1032.10	9.51	5.57	15.08	0.76	—
1029.90	8.83	5.41	14.24	0.74	—
1030.40	8.78	4.14	12.92	0.64	—
1032.90	9.33	3.51	12.84	0.70	—
1030.30	9.15	5.20	14.35	0.69	—
1029.50	8.90	4.95	13.85	0.69	—
1032.60	9.13	2.60	11.73	0.72	—
1030.10	9.10	5.86	14.96	0.69	—
Mittel	9.00	3.83	12.83	0.71	—

Tabelle VI. — Proben aus Meiereien.

Specifisches Gewicht (Wasser = 1000)	Gewichtsprocente an				Volumenprocente an Sahne
	Festen Bestandtheilen			Asche	
	Nicht-Fette	Fett	Summa		
1031.70	9.55	5.14	14.69	0.63	16.0
1031.61	9.57	4.83	14.40	0.77	14.0
1030.73	9.10	4.62	13.72	0.65	16.0
1033.05	9.28	3.99	13.27	0.73	8.0
1031.51	8.70	3.21	11.91	0.72	5.5
1029.88	9.05	4.03	13.08	0.72	10.0
1031.05	9.23	4.40	13.63	0.74	13.0
1029.76	8.50	3.65	12.15	0.74	9.5
1029.93	8.62	3.66	12.28	0.69	9.0
1029.46	8.70	4.37	13.07	0.70	7.5
1030.91	8.88	3.38	12.26	0.74	7.0
1028.91	8.80	3.28	12.08	0.65	—
1030.72	8.82	2.95	11.77	0.78	6.0
1031.35	9.00	3.66	12.66	0.67	6.0
1029.15	8.50	3.37	11.87	0.65	7.0
1030.70	9.91	3.58	13.49	0.76	10.0
1031.00	9.60	3.62	13.22	0.72	12.0
1031.60	9.51	4.70	14.21	0.78	13.0
1031.60	9.30	4.58	13.88	0.75	—
1031.00	9.14	5.10	14.24	0.75	—
1030.40	8.82	4.42	13.24	0.74	—
1031.40	9.16	4.43	13.59	0.78	—
1029.80	8.80	4.98	13.78	0.67	—
1029.70	8.81	4.99	13.80	0.69	—
Mittel ..	9.01	4.12	13.22	0.72	—

Anmerkung. — Die in den vorstehenden Tabellen verzeichneten Resultate unserer Untersuchungen über die Zusammensetzung ächter Milch, stimmen mit den, neuerdings von verschiedenen wohlrenommirten analytischen Chemikern erhaltenen überein.

Nach einer Notiz von Dr. med. Chas. A. Cameron ergab sich in einem Falle, wo die Milch einer Heerde von 42 Kühen zur Untersuchung kam, dass 25 Kühe eine Milch lieferten, welche weniger, als

Aus der obigen Tabelle V ergiebt sich, dass bei der Milch von einzelnen Kühen die festen Nichtfette von 8.00 bis 11.27 % variiren; das Fett schwankt von 1.92—6.87 % und der Aschengehalt von 0.62—0.87 %, während bei den Proben der durch sogen. Schweizerwirthschaft (Meierei) gewonnenen Milch nach Tabelle VI die festen Nichtfette von 8.50—9.91 %, das Fett von 2.95—5.14 % und die Asche von 0.63—0.78 % schwanken. Der Procentgehalt an Chlor variirt in den Durchschnittsproben von 0.08—0.14 %.

Obgleich diese Schwankungen ziemlich beträchtlich sind kann nicht mit Sicherheit festgestellt werden, dass dieselben allemal einen niedrigen Gehalt an festen Nichtfetten bemänteln, wie er gelegentlich bei der Milch einer einzelnen Kuh angetroffen wurde.

---

9 % fester Nichtfette enthielt; der Minimalgehalt betrug 8.25 %. Die Schlussfolgerung des Sachverständigen war die, dass der Normalgehalt der Milch an festen Nichtfetten von 9 % auf 8.5 % reducirt werden müsste, soweit es Vieh anbetrifft, welches durch Stallfütterung gemästet wurde, wie dies in Irland üblich ist. — („The Analyst", vol. VI, No. 62, May 1881.).

In einem anderen Falle sagt B. Dyer in seinen Bemerkungen über die Resultate einiger Analysen von frischer Milch: „Die Thatsache, dass eine einzelne Kuh auch in gutem Gesundheitszustande und bei reichlicher Fütterung häufig eine Milch von durchschnittlich nur 8.7 % fester Nichtfette geben kann, sollte uns bei den Gutachten über Verfälschungen vorsichtig machen." — („The Analyst", vol. VI, No. 61, April 1881.)

In einem dritten Falle constatirte Dr. P. Vieth, dass bei einer Heerde von 120 Kühen in Raden in Deutschland das durchschnittliche Ergebniss an festen Nichtfetten in den Jahren 1879 und 1880 meist zwischen 8.5 und 9 % fiel und dass es niemals 9 % überstieg, dagegen gelegentlich unter 8.5 % herabsank. Bei den einzelnen Kühen schwankten die festen Nichtfette in der Regel von 8—9 %, aber sie fielen gelegentlich auch unter 8 % und nur selten stiegen sie über 9 %.

In Kiel ergab sich der Durchschnittsgehalt der Milch von 10 Kühen folgendermassen:
Im Jahre 1878 enthielt dieselbe an festen Nichtfetten 8.73 %
„ „ 1879 „ „ „ „ „ 8.71 %
„ „ 1881 „ „ „ „ „ 8.53 %

Wo solche naturgemässe Schwankungen in der Zusammensetzung eines Handelsartikels vorkommen, wird eine schätzenswerthe Beihülfe für die Beurtheilung eines verdächtigen Objects dadurch gewonnen, dass man die Resultate der Untersuchung desselben sorgfältig mit dem Verhältnissen vergleicht, in denen die festen Nichtfette, Fett und Asche bei ächten Proben gefunden werden.

Es ist klar, dass es für die Entscheidung der Frage, ob eine Milch künstlich zugesetztes Wasser enthält oder nicht, von Vortheil sein muss, wenn man die Gesammtheit der Bestandtheile in Rechnung zieht, anstatt dass man den Gehalt an festen Nichtfetten allein berücksichtigt. Obgleich die Menge des Fettes manchmal auch bei gewässerter Milch nicht gerade sehr niedrig zu sein braucht, so kann doch ein sehr geringer Procentgehalt an Fett mitunter ein schätzens-

---

In Proskau betrug im Jahre 1879 der Durchschnittsgehalt der Milch an festen Nichtfetten 8.42 %. —

Dr. P. Vieth constatirte als Resultat einer achtzehn Monate langen Erfahrung in England ferner, dass 9 % als Normalgehalt der Milch an festen Nichtfetten zu hoch gegriffen sei, und er empfiehlt die Annahme von 8.5 % als Normalgrenze für dieselben. — („The Analyst", vol. VII, No. 73, April 1882.).

Kürzlich lenkte Otto Hehner die Aufmerksamkeit auf die verschiedenen Methoden der praktischen Milchuntersuchung, und zeigte durch eigene Versuche, dass die Methode von Wanklyn, welcher die Grenze bei 9 % fester Nichtfette zieht, nicht mehr, als 8.5 % nach den anderen, jetzt üblichen Methoden geben würde, wobei auch diejenige Methode mit einbegriffen ist, nach welcher man die festen Rückstände bis zu constantem Gewicht trocknet; und er fügt hinzu: „Es scheint mir, dass viel übereinstimmendere Resultate erlangt werden, wenn die festen Rückstände bis zu constantem Gewicht. anstatt nur drei Stunden lang getrocknet werden; es würde daher gut sein, das alte Verfahren aufzugeben und, in Uebereinstimmung hiermit, den Grenzwerth an festen Nichtfetten von 9.0 auf 8.5 % herabzusetzen." — („The Analyst", vol. VII, No. 73, April 1882.). Wir haben bereits in Erwägung gezogen, dass es von Vortheil ist, die festen Bestandtheile bis zum constanten Gewicht zu trocknen und darnach dieses Verfahren, wie es oben Seite 14 erörtert worden, bei unseren sämmtlichen Milchuntersuchungen befolgt. —

werthes, handgreifliches Bekräftigungsmittel für den Zusatz von Wasser abgeben. In gleicher Weise dient die relative Aschenmenge häufig als nützlicher Factor, um einen Schluss in Betreff eines bestimmten Objectes zu ziehen. Wenn der Aschengehalt sich als sehr niedrig bei einer Milch erwiese, welche einen gleichfalls niedrigen Gehalt an festen Nichtfetten zeigt, so würde diese Thatsache dazu dienen, den Verdacht eines Zusatzes von Wasser zu bestätigen.

Anstatt das Princip einer allgemeinen Vergleichung der analytischen Resultate zu adoptiren, haben die meisten Chemiker die Gepflogenheit, Grenzwerthe zur Beurtheilung der Qualität der Milch festzustellen, welche sich auf die Quantitäten der festen Nichtfette, beziehungsweise des Fettes, gründen, und eine jede Milch, die sich unterhalb der festgesetzten Grenzen stellt, als gewässert, resp. als abgerahmt anzusehen.*)

Falls es sich um die Entscheidung der Frage handelt, ob eine Milch mit Wasser versetzt ist, stellen einige analytische Chemiker 9.3%, andere 9.0% fester Nichtfette als Grenzwerth auf; bei einem niedrigeren Procentsatz soll die Milch als mit Wasser versetzt erklärt werden. Aus den analytischen Belegen in obigen Tabellen wird man indessen ersehen, dass wohl manche Proben den Gehalt von 9.0 und 9.3% fester Nichtfette erreichen und einige sogar beträchtlich höher steigen, dass dagegen eine grosse Anzahl unterhalb dieser Werthe sich stellt; und es gilt dies nicht allein für die Milch von einzelnen Kühen, sondern in ebenso aus-

---

*) Nach J. Skalweit sind Grenzzahlen für die Controlle der Milch, wie solche der landwirthschaftlichen Section des Volkswirthschaftsraths zugegangen sind (Spec. Gew. $1.0285-1.0340$; Fett 2.5%; Trockensubstanz 10.0% für die ganze Milch) zur Beurtheilung der Güte der Milch ohne Werth. Durch einfache Schlussfolgerung aus den vier Daten: Spec. Gewicht, Fett, Trockensubstanz, Asche und sachgemässe Ueberlegung lasse sich, ohne Grenzzahlen und Gesetze, mit Bestimmtheit eine Verfälschung der Milch nachweisen. (Tech. chem. Jahrb. V. 404 nach Rep. d. anal. Ch. 3, 202. [Anm. d. Uebers.]

gedehntem Maasse auch von den aus den Schweizereien bezogenen Proben. Es ist daher einleuchtend, dass, sobald nichts Genaueres über die Abstammung einer Milch bekannt ist, die Adoptirung einer so hohen Norm für die festen Nichtfette selbst völlig ächte Milchmuster in die Kategorie künstlich gewässerter Milch könnte stellen lassen, und es würde dadurch auch unschuldigen Personen mitunter grosses Ungemach auferlegt werden können.

Es hat also seine Schwierigkeiten, eine endgültige Minimalgrenze für die festen Nichtfette anzugeben, welche billiger Weise auf all' und jede Milchsorte angewandt werden könnte; doch werden die Ergebnisse der Analysen von Schweizereimustern in Tabelle VI dazu dienen, einen allgemeinen Begriff von den am häufigsten vorkommenden Verhältnissen zu geben, welche man hinsichtlich dieser Bestandtheile bei den Handelsproben erwarten darf. Hat man es indessen mit einer verdächtigen Milch zu thun, so sollte der Thatsache gebührende Beachtung geschenkt werden, dass noch erheblich grössere Schwankungen in der Zusammensetzung der Milch einzelner Kühe unterlaufen, sowie auch der Möglichkeit, dass auch ein aus einer grösseren Meierei bezogenes Muster ausnahmsweise von abweichender Beschaffenheit sein und sein Gehalt an festen Nichtfetten unterhalb 8.5% sinken kann.

Einige Chemiker heben hervor, dass alle Milchproben nach einer Durchschnittsmilch beurtheilt werden müssten, während andere sich damit begnügen, derartige Gränzwerthe angenommen zu sehen, dass, wenn im Handel eine Milch angetroffen wird, welche unterhalb dieser Normen sich stellt, nach den blossen analytischen Resultaten kein Zweifel darüber möglich sein würde, dass diese Milch nicht ächt ist.

Die Annahme der ersteren Ansicht würde ungerecht gegen den Verkäufer der Milch, und die der zweiten unbillig gegenüber dem Consumenten sein. Eine Durchschnittsmilch stellt sich nach den Resultaten in Tabelle V und VI hinsichtlich der festen Nichtfette auf $9.0-9.1\%$, hinsichtlich des Fettes auf 3.83—4.12 $\%$ und nach dem Aschengehalt auf 0.71—0.72 $\%$; und es ist einleuchtend, dass diese Zahlen eigentlich nicht auf Milch von geringerer oder mittlerer Qualität angewandt werden können, welche Sorten indessen doch, wie aus den angezogenen Tabellen hervorgeht, immerhin in beträchtlichem Maasse producirt werden.

Gleichermassen unbillig würde es sein, die Milch von geringster Qualität, welcher man auf dem Markte begegnet, als Norm anzunehmen, da dies gelegentlich dazu führen würde, den Wasserzusatz zu guter Milch zu bemänteln, ohne die Ergebnisse der Analyse, welche auf eine Fälschung deuten, zu berücksichtigen; in anderen Fällen würde dies in praxi den Sachverständigen davon abhalten, sich zu Ungunsten von solchen Untersuchungsobjecten auszusprechen, bei denen der Augenschein lehrt, dass sie offenbar hinsichtlich ihrer Qualität durch einen Zusatz von Wasser verschlechtert worden sind.

Die Aufstellung einer gleichförmigen Norm, die dem Consumenten und dem Verkäufer in gleichem Maasse gerecht werden würde, ist für ein Naturproduct, das einen so weiten Spielraum, wie die Milch, hinsichtlich seiner Güte zulässt, ein Problem, für welches eine befriedigende Lösung zu geben, zur Zeit noch als unmöglich betrachtet werden muss. Die Milch steht in dieser Hinsicht nicht vereinzelt da; so findet sich z. B. bei der Butter für die Beurtheilung ihrer Qualität ein Spielraum von gleicher Ausdehnung und ebenso zeigt der Thee einen sehr verschiedenen Procentgehalt an Extractivstoffen und an löslichen Aschenbestandtheilen.

Um diesen verschiedenen Bedenken zu begegnen, ist häufig die Annahme von zwei Normalpunkten für die Milch vorgeschlagen worden; wenn es practisch durchführbar wäre, zwei derartige Normen festzustellen und dieselben auf dem Wege der Gesetzgebung zu sanctioniren, so würde sich die ganze Schwierigkeit, die sich bei der Beurtheilung der Beschaffenheit einer Milchprobe erhebt, von selber in eine Frage über die Genauigkeit der Untersuchungsmethoden auflösen; ein derartiges Verfahren würde indessen nicht frei von einigen ernstlichen Rückwirkungen sein. Das Festhalten von zwei Normalpunkten würde voraussetzen, dass jeder Meier und Milchhändler nicht allein genau über die Ergebnisse der Untersuchung der Milch von seinen eigenen Kühen unterrichtet sein müsste, sondern auch über diejenigen, welche bei der Untersuchung der Kuhmilch eines jeden anderen Gutes und jeder anderen Milchwirthschaft erhalten werden, von welchen er gewohnheitsgemäss seine Vorräthe bezieht.

Die Existenz von zwei Gränzwerthen würde also unvermeidlich zu der Errichtung von grösseren Sammelstellen führen müssen, von denen aus dann die Milch zur Ausgabe zu gelangen hätte, und ebenso zu der systematischen Reduction fast sämmtlicher Milch zu dem niedrigsten zulässigen Maass an Güte; und es würde ein jeder Entwurf, der irgendwie das Wässern der Milch zuliesse, gegen den eigentlichen Sinn des Nahrungsmittelgesetzes verstossen, welches keinerlei Zusatz zu der Milch, noch Verminderung ihrer wesentlichen Bestandtheile gestattet.

Es steht zu befürchten, dass die Abrahmung der Milch oftmals in praxi ausgeführt wird, ohne entdeckt zu werden, da manche Milchsorten mehr als das Doppelte an Fett, wie andere, enthalten; und es kann augenscheinlich ein beträchtlicher Antheil der Sahne von einer reichhaltigen Milch entfernt werden, ohne einen Verdacht in dieser Hinsicht zu erwecken. Da aber das Fett der geschätzteste Bestandtheil der Milch ist, so ist ein Deficit von $1^0/_0$ Fett schon eine ernstlichere Herabsetzung dieses Nahrungsmittels in seinem Werthe, als das von einem entsprechenden Gewichte an festen Nichtfetten es sein würde.

Der Besitz von Mitteln, welche einen sicheren Beweis für die Entfernung kleinerer Mengen Sahne von der Milch liefern, würde ein grosser Gewinn sein; es ist jedoch — in Folge der weiten Schwankungen in dem Gehalte der ächten Milch an Fett — sehr schwierig, festzustellen, dass eine

Milch wirklich schon abgesahnt ist, es sei denn, dass die Quantität des noch darin zurückgebliebenen Fettes zu einem auffallend niedrigen Prozentgehalt herabgedrückt wäre.

Die niedrigste Fettmenge, welche wir in einer Milchprobe, die aus einer Meierei bezogen war, gefunden haben, betrug 2.95%; aber wenn wir die Zahl der Kühe in Betracht ziehen, welche eine geringhaltigere Milch liefern, wie es sich aus Tabelle V ergiebt, so hat es seine Schwierigkeiten, eine höhere Minimalgränze, als 2.4% Fett aufrecht zu erhalten.

Gelegentlich mag es vorkommen, dass ein Milchhändler aus Mangel an Sorgfalt bei dem Durchrühren seiner Waare vor dem Verkauf ein Quantum Milch abgiebt, deren Untersuchung einen niedrigeren Fettgehalt constatirt, als ihn dieselbe Milch bei gleichmässiger Vertheilung des Rahms durch die ganze Masse ergeben hätte. Der Käufer hat jedoch immerhin ein Recht, zu erwarten, dass von dem Händler Vorsichtsmaassregeln getroffen werden, welche ihm die Gewissheit geben, dass die aus demselben Gefässe geschöpfte Milch auch in Wirklichkeit von gleichmässiger Qualität sei.

Salz. — Dasselbe wird gelegentlich angewandt, um den Zusatz von Wasser zur Milch zu verdecken; seine Gegenwart wird durch den hohen Chlorgehalt angezeigt, den man durch Titriren eines wässerigen Auszuges der Asche mit $^1/_{10}$ Normal-Silberlösung bestimmt. Ein Chlorgehalt von mehr, als $0{,}14\%$ deutet auf einen Zusatz von Salz. Ein weitschweifigeres, aber auch entscheidenderes Verfahren zur Prüfung auf Kochsalz besteht darin, dass man sowohl die Menge des Natrons, sowie die des Chlors bestimmt. Da die reine Milch nicht mehr, als $0{,}04\%$ Natriumoxyd enthält, würde jeder gefundene Mehrgehalt desselben die Gegenwart eines künstlich zugesetzten Natriumsalzes anzeigen.

Soda. — Dieselbe wird ab und zu der Milch zugesetzt, um einen Säuregehalt in alt gewordener Milch zu neutralisiren oder auch, um frische Milch länger, als die gewöhnliche Zeit über, in süssem Zustande zu erhalten. Die Gegenwart der Soda wird dadurch erwiesen, dass die Milch verhältnissmässig viel Asche giebt und dass die Letztere auf Zusatz von Säuren aufbraust. Da die Asche einer reinen Kuhmilch keine ausgesprochene Reaction auf Carbonate giebt, so würde die Auffindung von Kohlensäure in der Asche, in Verbindung mit einem an sich hohen Aschengehalt der fraglichen Milch anzeigen, dass derselben ein Carbonat zugesetzt worden ist. Falls dazu noch bei den obigen Bestimmungen das Natron in verhältnissmässig grossem Ueberschuss gefunden wurde, so würde diese Thatsache den Zusatz von Natriumcarbonat bestätigen.

Wir haben bemerkt, dass beim Vermischen einer Milch, welcher ein Alkalicarbonat zugefügt war, mit Salzsäure direct schon ein deutliches Schäumen stattfand; es ist indessen nicht wahrscheinlich, dass der Milch öfters eine so grosse Quantität Soda zugesetzt wird, dass auf diese Weise eine entscheidende Reaction zu erhalten ist.

Salicylsäure. — Der Zusatz von Salicylsäure zur Milch wird vorgenommen, um ihre Haltbarkeit zu erhöhen, indem man dadurch ihre Neigung zum Gähren verringert, eine Veränderung, welcher sie ihrer Natur nach leicht unterworfen ist. Die dazu erforderliche Quantität Salicylsäure ist sehr klein und vermehrt das Gewicht des festen Rückstandes der Milch nur um ein Geringes. Ihre Gegenwart erkennt man mit Sicherheit durch eine charakteristische, tief purpurne Färbung der Flüssigkeit auf Zusatz von Eisenchlorid.*)

---

*) Zum sicheren Nachweis der Salicylsäure verdünnt man nach Girard (Documents sur les falsifications des mat. aliment. Paris, p. 238) 100—200 c. c. Milch mit dem gleichen Volumen Wasser, fügt etwas Essigsäure und Mercurinitrat, das frei von Mercuronitrat ist, hinzu und erwärmt auf 60°. Die von dem Coagulum abfiltrirte Flüssigkeit wird zweimal mit je 100 c. c. Aether ausgeschüttelt, die abgehobene aetherische Schicht filtrirt und verdunstet: die Salicylsäure bleibt in Krystallen zurück und kann durch die Reactionen mit Eisenchlorid und Kupfersulfat identificirt werden. — Ueber colorimetrische Be-

Rohrzucker. — Wenn Zucker bis zu 1% hin und Wasser bis zur Menge von 10% der Milch zugesetzt wurden, so konnten diese Beimischungen erfolgen, ohne dass die Milch einen Verdacht der Fälschung zu erregen braucht, vorausgesetzt, dass man sich auf die Menge der festen Nichtfette als Kriterium der Reinheit verlässt.

Die Auffindung und die Bestimmung des Rohrzuckers in der Milch sind mit einigen Schwierigkeiten verbunden, die dadurch entstehen, dass auch der Milchzucker zum Theil in Invertzucker verwandelt wird, sobald man die Milch zum Zwecke der Invertirung des Rohrzuckers mit verdünnten Säuren erhitzt; wir haben aber gefunden, dass die Beobachtung des Drehungswinkels, welchen der in der Milch enthaltene Zucker vor und nach der Inversion zeigt, genügend ist, um einen augenscheinlichen Beweis für die Gegenwart von Rohrzucker zu geben. Wenn z. B. 50 c. c. ächter Milch vier Minuten lang mit 5 c. c. Normalschwefelsäure gekocht werden, so zeigt sich der specifische Drehungswinkel nur unbedeutend grösser, als vor dieser Behandlung. War indessen Rohrzucker zugegen, so wird jene Operation zur Folge haben, dass das Gesammtdrehungsvermögen der Zuckersubstanzen in der Milch herabgedrückt wird; aus der Differenz, die der Ablenkungswinkel zeigt, kann alsdann das Verhältniss an zugesetztem Rohrzucker ziemlich annähernd berechnet werden. Die Prüfung mit dem Polariscop wird in der auf Seite 20 beschriebenen Art und Weise ausgeführt.

---

stimmung der Salicylsäure nach Rémont s. Bullet. Soc. Chim. 38, 547. — Beide Abhandlungen im Auszuge im Techn. chem. Jahrb. IV; 410.

Ueber den Nachweis anderer, der Milch zugesetzter Conservirungsmittel (Benzoesäure, Borsäure) vergl. E. Meissl, Zeitschrift für analytische Chem. 1882. p. 531. — Für Borsäure sei noch auf die Erscheinung aufmerksam gemacht, dass das durch dieselbe bekanntermassen gebräunte Curcumapapier sich in einer Ammoniakatmosphäre blau färbt. [Anm. d. Uebers.]

Die Bestimmung des Rohrzuckers in der Milch kann auch mittelst der Kupferprobe geschehen und zwar dadurch, dass man den Procentgehalt an Zucker vor und nach dem Invertiren mit Schwefelsäure bestimmt. Wenn die Milch vier Minuten lang mit 5 c. c. Schwefelsäure (in der Verdünnung der Normalschwefelsäure) gekocht wird, so beträgt die Anreicherung an Zucker, gegenüber der vor der Inversion gefundenen Menge, nur ungefähr 0.2%; falls dagegen Rohrzucker zugegen war, so entsprechen die gefundenen Zahlen der Menge desselben, einschliesslich der 0.2%, welche von der Veränderung des Milchzuckers herrühren.*)

Glycerin. Dasselbe kann dadurch isolirt werden, dass man zunächst das Casein der Milch durch Laab oder verdünnte Säuren zur Coagulation bringt, sodann die Molken (das Serum) verdampft und aus dem Rückstande jede Spur Fett durch Extrahiren mit wasserfreiem Aether entfernt; darauf wird der Rückstand mit einem Gemische von Aether und Alcohol behandelt, welches das Glycerin auszieht. Nach dem Verdampfen des Lösungsmittels bleibt das vorhandene Glycerin als eine syrupartige Flüssigkeit zurück und kann durch die üblichen Proben identificirt werden.**)

Sahne.

Die Sahne besteht der Hauptsache nach aus dem Fette der Milch, doch enthält sie daneben auch variable Mengen von Wasser, Milchzucker und Casein. Zucker und Wasser stehen in der Sahne nahezu in demselben Verhältniss zu einander, wie in der Milch selbst, dagegen findet sich in der ersteren im Vergleiche zu dem Wassergehalt eine grössere Menge von Casein oder Käsestoff. Es ist dies durch das

---

*) Ueber eine Verfälschung der Milch mit Glucosesyrup s. Krechel. Monit. ind. 1883. 363. u. Rep. anal. Ch. 3, 347.

[Anm. d. Uebers.]

**) a) Frisch gefälltes Kupferhydroxyd wird von der Glycerinhaltigen, alkalisch gemachten Flüssigkeit in der Kälte mit tief blauer

Vorhandensein einer dünnen eiweisshaltigen Haut oder Hülle erklärlich, welche den Fettkügelchen anhaftet und sie einschliesst, und von deren Natur bereits oben die Rede war, sowie auch durch das Auftreten von selbstständigen Eiweisszellen oder Klümpchen, welche insgesammt das relative Verhältniss zwischen Käsestoff und Wasser in der Sahne beeinflussen.

Der Rahm wird gewöhnlich in der Kälte von der Milch abgetrennt, nachdem dieselbe 12—24 Stunden gestanden hat: bei der Bereitung von sogenanntem Klümper- oder Devonshire-Rahm lässt man die Milch nur etwa 12 Stunden lang stehen und erwärmt dieselbe dann auf heissen Platten, wodurch ein langsames Gerinnen der Eiweisssubstanzen erfolgt und eine vollständigere Abscheidung des Rahms bewirkt wird, während nachher ein bedeutend kleinerer Antheil Milchflüssigkeit mit dem Rahm abgehoben wird.

Die Abscheidung des Rahms kann in verhältnissmässig kurzer Zeit durch den patentirten Rahmabscheider bewirkt werden, dessen Gebrauch sich erst seit Kurzem eingebürgert hat. Die Milch wird in ein, in horizontaler Richtung rotirendes Gefäss gegeben, welches etwa 6000 Umdrehungen in der Minute macht; dadurch wird die specifisch schwerere, wässrige Milchflüssigkeit veranlasst, nach der Peripherie des Gefässes sich hinzubegeben, während die Sahne mehr in der Nähe des Centrums sich ansammelt und von hier nach dem oberen Theil des rotirenden Beckens aufsteigt, von wo

---

Farbe gelöst; beim Kochen erfolgt keine Reduction zu Kupferoxydul. b) Wird mit der rückständigen Flüssigkeit Borax betupft und in die Flamme gebracht, so färbt sich die Letztere bei Gegenwart von Glycerin grün. Ammonsalze müssen vorher entfernt werden (Senier u. Lowe). c) Man bringt auf eine weisse Porzellanfläche 3—4 Tropfen Boraxlösung und einen Tropfen rothe Lacmustinctur; zu der blau gewordenen Mischung setzt man 1—3 Tropfen der fraglichen, nothwendig neutralen Flüssigkeit: bei Gegenwart von Glycerin geht die blaue Farbe in Roth über. (Hager.) [Anm. d. Uebers.]

sie durch eine seitlich angebrachte Oeffnung abgelassen wird. Ebenso ist für einen Abfluss zur successiven Entfernung der abgerahmten Milch gesorgt, um auf diese Weise Platz für neue, in den Apparat einzuführende Quantitäten Milch zu schaffen und den Process continuirlich betreiben zu können. Seit der Patentirung des soeben beschriebenen ist auch ein verticaler Rahmabscheider erfunden worden; es wurden für diesen neuen Apparat gewisse Vorzüge geltend gemacht; besonders soll er ebenso wirksam in der Abtrennung des Rahms von der Milch, wie der frühere, sein und dabei eine geringere Rotationsgeschwindigkeit erfordern.

Die folgende Tabelle enthält die Resultate der Untersuchung verschiedener Proben Sahne, wie sie gewöhnlich im Handel vorkommt:

Tabelle VII. — Analysen käuflicher Sahne.

No.	Bezeichnung	Procentgehalt an				
		Wasser	Fett	Milchzucker	Casein	Asche
1.	Gewöhnliche Sahne...	54.02	39.40	1.85	3.76	0.57
2.	desgl.	60.66	33.60	2.43	2.90	0.41
3.	desgl.	67.93	24.44	2.96	4.04	0.63
4.	desgl.	58.07	35.67	2.20	3.55	0.51
5.	desgl.	63.07	30.74	2.61	3.04	0.54
6.	Dicke Sahne	37.62	58.77	1.46	1.83	0.32
7.	Devonshire Klümpersahne	33.76	59.79	1.01	4.97	0.47

Aus den in dieser Tabelle zusammengestellten Resultaten ergiebt sich, dass die Schwankungen in der Güte der käuflichen Sahne sehr beträchtlich sind und dass, wenn der Gehalt an Fett als Grundlage für ihre Begutachtung genommen wird, die fünf Proben gewöhnlicher Sahne sich ihrem Werthe nach im Verhältniss von 25 : 114 Procent[*]

---

[*] (?) D. Uebers.

unterscheiden; die Objecte Nr. 2 und 6 wurden aus der Milch mit Hülfe des verticalen Rahmabscheiders gewonnen und es ist dabei der verhältnissmäsig kleine Gehalt an Casein auffallend, besonders bei der dicken Sahne.

Die Sahne ist von etwas anderem Gesichtspunkte aus, als die Milch zu betrachten, da sie in ihrem Verbrauche beschränkt und thatsächlich ein Luxusartikel ist, und weil auch der Käufer sich recht wohl schon durch einfache Betrachtung ein ziemlich sicheres Urtheil über ihre Güte zu bilden vermag, was bei der Milch Niemand ohne eine Art von Analyse im Stande ist.

Um wirklich immer eine Sahne von derselben Qualität zu produciren, würde man entweder einen vollkommen wirksamen Rahmabscheider besitzen müssen, oder man müsste über Kühlräume zu verfügen haben, welche das ganze Jahr hindurch auf gleichmässiger Temperatur erhalten werden können. Während des Winters kann man die Milch behufs Abscheidung der Sahne 12—24 Stunden lang ohne Nachtheil sich selbst überlassen; innerhalb dieser Zeit bildet sich dann an der Oberfläche nur eine dickere, fettreichere Schicht, welche sich leicht absondern lässt; im Sommer dagegen kann die Milch unter gewöhnlichen Umständen nicht länger, als 8—9 Stunden mit Sicherheit aufbewahrt werden, wenn man nicht Gefahr laufen will, dass sie sauer wird; die Sahne, welche sich in dieser Zeit an der Oberfläche ansammeln kann, würde aber verhältnissmässig nur dünn und mager sein. Unter diesen Umständen wäre es voraussichtlich als eine Bedrückung der Händler anzusehen, wenn man auf einen Normalgehalt an Fett für die Sahne bestehen wollte, es sei denn, dass eine sehr niedrige Gränzzahl angenommen würde; aber auch dieses Verfahren würde im öffentlichen Interesse als wenig wünschenswerth erscheinen, da dasselbe dazu führen könnte, dass sich das Publikum mit einer Sahne von noch geringerer Qualität versorgt sehen möchte, als dies gegenwärtig der Fall ist. —

Condensirte Milch.

Die condensirte oder Dauermilch wird aus der Kuh- oder Ziegenmilch*) durch Versetzen mit Zucker und Verdampfen des Wassers bis auf ein Viertel des ursprünglichen Volumens der Milch bereitet. Eine andere Art condensirter Milch wird ohne Zusatz von Zucker dargestellt; doch bleibt dieselbe, wenn sie eine Zeit lang der Luft ausgesetzt wird, nicht ebenso lange süss, als die erstere.

Die condensirte Milch bildet eine weisse syrupartige oder breiige Masse, die sich leicht in allen Verhältnissen mit Wasser mischt und einen charakteristischen Geschmack zeigt, welcher etwas verschieden von dem der frischen Milch ist.

Die Fabrikation wird im Allgemeinen in folgender Weise geleitet: Die Milch wird zunächst durchgeseiht und dann auf 65—80° erwärmt; man stellt zu diesem Zwecke die mit der Milch gefüllten Gefässe in heisses Wasser. Alsdann geht die Milch nochmals durch Seihetücher und wird darauf in einen Kessel übergeführt; in diesem wird sie mittelst Dampf, der in Röhren zugeleitet wird, auf die Kochtemperatur erhitzt. Mitunter wird die Verdampfung auch unter vermindertem Druck in Vacuumpfannen bewerkstelligt.

Während des Kochens erfolgt ein Zusatz von raffinirtem Zucker von 1—1$\frac{1}{4}$ Pfund auf jedes englische Quart der Milch im condensirten Zustande. Die Operation des Eindampfens erfordert ungefähr drei Stunden Zeit, wonach das Product in Kannen abgelassen, auf 20—21° abgekühlt und darauf unmittelbar in verzinnte Gefässe eingewogen wird, welche alsbald verlöthet werden.

---

*) In neuerer Zeit ist auch condensirte Stutenmilch in den Handel gebracht worden; vergl. P. Vieth. Milchzeitung 1884, Nr. 11, p. 164. [Anm. d. Uebers.]

Man hat die Beobachtung gemacht, dass das Product ein besseres Aussehen gewinnt und von angenehmerem Geschmack ist, wenn man zu seiner Bereitung eine zum Theil abgerahmte Milch verwendet, als wenn man von einer fettreichen Milch ausgeht.

Nach den in nachstehender Tabelle verzeichneten Untersuchungsresultaten von einigen Proben condensirter Milch ist es indessen nicht gerade sehr in die Augen springend, dass eine erhebliche Entfernung von Sahne stattgefunden hätte.

Tabelle VIII. — Analysen von condensirter Milch.

Art des Productes	Procentgehalt an				
	Wasser	Fett	Rohr- und Milchzucker	Casein	Asche
Schweizer	26.70	9.76	51.02	10.20	2.32
Englische	27.07	8.30	50.79	11.84	2.00
Reine condensirte Schweizer Milch	61.40	11.37	13.37	11.48	2.38
Reine condensirte Alpenmilch	62.35	11.15	13.14	11.29	2.07

Die Untersuchung der condensirten Milch wird ebenso, wie die der gewöhnlichen Milch ausgeführt, mit der alleinigen Ausnahme, dass zur Bestimmung des gesammten Zuckergehalts der Procentgehalt an Milchzucker vor der Inversion des Rohzuckers ermittelt werden muss, da sonst die nachherige Bestimmung beider Zuckerarten nach dem Kochen mit einer Mineralsäure ein zu niedriges Resultat geben würde. Es rührt dies von der oben bereits constatirten Thatsache her, dass die reducirende Wirkung des Milchzuckers auf Kupferoxyd nach dem Invertiren geringer ist, als die der Dextrose. —

BUTTER.

Abstammung. Die Butter besteht aus dem Fette der Milch, und zwar hauptsächlich aus dem der Kuhmilch. Das Fett findet sich in derselben in Form kleiner Kügelchen, welche in der Milchflüssigkeit suspendirt sind; wenn die Milch der Ruhe überlassen wird, steigen die Kügelchen empor und erzeugen dann an der Oberfläche eine fettreichere Lage. Diese Schicht, welche gleichzeitig noch einen erheblichen Antheil an Casein und Milchflüssigkeit enthält, bildet den Rahm und ist leicht durch Abschäumen abzusondern.

Die Fettkügelchen variiren sehr in ihrer Grösse; die grössten steigen zuerst an die Oberfläche, dann folgen die von mittlerer Grösse und so fort. — Der gesammte Rahm der Milch besteht daher aus zahlreichen Schichten von Fettkügelchen von verschiedenem Durchmesser. Eine sehr grosse Anzahl der kleinsten Kügelchen erreicht überhaupt die Oberfläche niemals, da dieselben keinen genügenden Auftrieb besitzen, um durch die ganze Milchmasse emporsteigen zu können; sie bilden daher in dem flüssigen Milchkörper verschiedene Lagen, welche sich gleichfalls nach den Grössenverhältnissen der Kügelchen ordnen. Es findet sich aus diesem Grunde in der abgerahmten Milch immer ein gewisser Antheil äusserst kleiner Fettkügelchen, von denen viele das Ansehen von blossen Punkten haben, auch wenn sie unter sehr starker Vergrösserung betrachtet werden.

Die Fettkügelchen werden von einigen Autoren als Zellen angesehen, welche von einer Haut oder Membran eingeschlossen sind; andere betrachten sie als Fettpartikelchen, um welche herum sich durch locale Attraction eine Schicht von Casein oder einer dichteren Flüssigkeit gebildet hat. Die Resultate unserer eigenen Untersuchungen bestätigen diese letztere Ansicht und kommen darauf hinaus, dass das Fett sich in der Milch in einem emulsionsartigen Zustande befindet. Die Fettkügelchen, welche nach dem oben Gesagten schon in derselben Milch verschiedene Grössenverhältnisse zeigen, variiren in ihrer Grösse auch nach der Race der Kühe und sogar in der Milch derselben Kuh werden sie nach dem Kalben kleiner. In der Milch der Alderney-Kuh übersteigen sie die durchschnittliche Grösse und sondern sich sehr leicht als Rahm ab. Im Allgemeinen entspricht die Verschiedenheit in der Grösse der Fettkügelchen bei verschiedenen Milchsorten der Länge der Zeit, welche der Rahm zur Abscheidung erfordert; denn je kleiner die Kügelchen sind, desto langsamer bildet sich derselbe.

Beschreibung. Die käufliche Butter ist von mehr oder weniger körniger Beschaffenheit und je vollkommener sie dieselbe zeigt, desto höher wird sie geschätzt. Die Farbe der Butter variirt sowohl nach der Race, als nach der Nahrung des Thieres und schwankt von einem fast reinen Weiss bis zum tiefen Gelb. Eine gute Butter besizt in frischem Zustande einen angenehmen Geruch und Geschmack, aber auch diese Eigenschaften schwanken, ebenso wie die Farbe, mit der Nahrung des Thieres; so ist der Geschmack z. B. viel kräftiger, wenn die Kühe mit Mangold oder schwedischen Rüben, als wenn sie mit Heu oder Gras gemästet wurden. Die aus der Milch von anderen Thieren, z. B. der Ziege, bereitete Butter besitzt von Natur her, abgesehen von der Nahrung, einen besonderen, charakteristischen Geschmack.

Unter den gewöhnlichen Temperaturverhältnissen lässt sich die Butter leicht in beliebige Formen schneiden oder kneten und schmilzt leicht zu einem durchsichtigen, schwach gefärbten Oel. Sie enthält immer mehr oder weniger Käsestoff, welcher sehr zur Zersetzung geneigt ist, und es liegt darin der Grund, dass man die Butter mit Salz versetzt, welches als Conservirungsmittel wirkt. Sobald das Butterfett vom Käsestoff und vom Wasser befreit ist, zeigt es einen sehr beständigen Charakter und bei sorgfältigem Abschluss der Luft kann es längere Zeit ohne bemerkenswerthe Veränderung aufbewahrt werden. Der Käsestoff und das Wasser können durch Schmelzen der Butter in einem geeigneten Gefässe abgeschieden werden; sie bleiben am Boden zurück, während das Butterfett leicht abgegossen oder abgeschöpft werden kann.

Die in England lange Zeit hindurch befolgte Methode der Butterbereitung war ausserordentlich roh und primitiv, und auch jetzt noch ist das angewandte System oft verhältnissmässig kunstlos und nur wenig darauf berechnet, ein Product erster Klasse zu erzielen. Erst innerhalb der letzten sechzig bis siebenzig Jahre wurden verbesserte Instrumente und Vorrichtungen in die Milchwirthschaft eingeführt, und sind entschiedene Fortschritte in der Methode der Behandlung der Milch bei der Butterbereitung zu verzeichnen.

In früherer Zeit wurde die Milch meist in Räumen aufbewahrt, welche gleichzeitig für die verschiedenartigsten anderen Zwecke dienten, und es wurde den Temperatur- und Ventilationsverhältnissen keinerlei Aufmerksamkeit zugewandt; die benutzten Gefässe bestanden aus Holz, und es hatte seine Schwierigkeiten, sie geruchlos und sauber zu erhalten. Diese hölzernen Gefässe wurden allmählich durch braune irdene, innen glasirte Näpfe und diese wiederum grösstentheils durch solche aus Zinn oder verzinntem Eisen ersetzt.

Das Abrahmen der Milch ist ein wichtiger Theil der Butterbereitung, und obgleich Jedermann mehr oder weniger mit dem natürlichen Vorgange bei der Abscheidung der

Sahne vertraut ist, haben doch nur Wenige den Gegenstand und die dabei wirksamen Einflüsse näher studirt. Seit einigen Jahren wurde denselben jedoch mehr Aufmerksamkeit geschenkt und sind verschiedene Methoden zur Behandlung der Milch beim Abrahmen mit mehr oder minder gutem Erfolge angewandt worden. Ein von einem Schweden, Namens Swartz, erfundenes Verfahren hat ziemliche Verbreitung gefunden und ist jetzt fast allgemein im nördlichen Europa üblich; es wird das „Eiswassersystem" genannt und besteht darin, dass man die Milch in tiefe Kannen bringt und diese bis zum Abscheiden der Sahne in sehr kaltes, durch Eis gekühltes Wasser stellt. Die Kannen mit der Milch werden in Becken oder Cisternen gesetzt und an der Aussenseite ebenso hoch mit kaltem Wasser umgeben, als inwendig die Milch steht. Falls das Wasser an sich nicht kalt genug ist, wird es durch Zusatz von Eis oder Schnee abgekühlt und die Temperatur auf 5—10° erhalten; der Zweck dieser Behandlung ist nicht nur, eine möglichst grosse Quantität an Sahne zu produciren, sondern dieselbe auch in reinem und süssem Zustande zu erhalten, was für die nachherige Gewinnung einer Butter von gutem Geschmack sehr wesentlich ist.

Es sind verschiedene Verbesserungen dieses Verfahrens eingeführt worden, doch beruhen dieselben sämmtlich auf dem Principe der Abkühlung und unterscheiden sich von dem Swartz'schen System nur in der Anwendung jenes Princips. Die wichtigsten von diesen Modificationen sind die Verfahren von Cooley und von Hardin. Bei der Cooley-schen Methode, welche in Amerika sehr verbreitet ist, umgiebt das Wasser nicht allein die Aussenseite der Kannen in gleicher Höhe, wie innen die Milch steht, sondern es erhebt sich noch 1—2 Zoll über den Deckel der Kannen, so dass dieselben vollkommen untergetaucht sind und jede Verunreinigung von aussen her ausgeschlossen wird.

Das Hardin'sche System ist, wie das vorige, auf dem von Swartz angegebenen begründet, doch wird bei demselben an Stelle des kalten Wassers Eis als Kühlungsmittel gebraucht. Die Gefässe mit der Milch werden in einen engeren Raum zusammengestellt und dem Einflusse der durch Eis abgekühlten Luft ausgesetzt; der Erfinder proklamirt für seine Methode eine grössere Ersparniss an Eis und den Erfolg, dass die Sahne dabei in einem dickflüssigeren Zustande erhalten wird.

Das Aufsteigen des Rahms erfolgt, weil er ein geringeres specifisches Gewicht besitzt, als der vorher damit gemischte Antheil der Milchflüssigkeit; da die Fettkügelchen sich beim Erwärmen und Abkühlen in stärkerem Grade ausdehnen oder zusammenziehen, als der flüssig bleibende Theil der Milch, so ist der Unterschied zwischen den specifischen Gewichten von Milch und Rahm am grössten bei warmer, und am kleinsten bei kalter Milch; es wird daher durch vorheriges schnelles Abkühlen der Milch, ehe man sie zum Absahnen aufstellt, die Rahmbildung *verzögert*. Wenn man dagegen die Milch warm, wie sie von der Kuh kömmt, zum Sahnen hinsetzt, so wird durch eine ganz allmähliche Abkühlung auf 5—10° das Aufsteigen der Sahne erleichtert; denn da das Wasser ein besserer Wärmeleiter, als das Fett ist, wird die wässrige Milchflüssigkeit zuerst von der Temperaturveränderung afficirt, und die dadurch erhöhte Differenz in den specifischen Gewichten ist — obgleich im Ganzen geringfügig — doch genügend, um das Aufsteigen des Rahms in einem sehr bemerkenswerthen Grade zu beschleunigen.

Bei dem Eiskühlungssystem, bei welchem tiefere Gefässe benutzt werden, scheidet sich die Sahne nicht so vollständig ab, wie bei dem System der flachen Schalen. Der Rahm begiebt sich wohl in die oberen Schichten der Milch, aber er bleibt mit einem grösseren Antheil der wässrigen Flüssigkeit vermischt und ist magerer, als der in flachen Gefässen producirte.

In einigen Gegenden des westlichen Englands, besonders in Devonshire, lässt man die Milch zur Abscheidung ihres Rahmes auf gewöhnliche Weise in etwa 9 Zoll tiefen Schalen über Nacht stehen. Am folgenden Morgen stellt man dieselben auf heisse Platten und erhitzt die Milch im Laufe von etwa einer Stunde bis nahe zum Kochpunkte, wobei man Sorge trägt, die Rahmschicht nicht aufzurühren. Alsdann werden die Gefässe zum Abkühlen bei Seite gesetzt, worauf die Sahne abgehoben und unter den Namen „Devonshire oder Klümperrahm" verbraucht oder zu Butter verarbeitet wird.

Wahrscheinlicher Weise werden in den Meiereien die Rahmabscheider, wie sie oben, Seite 49, erwähnt sind, binnen Kurzem allgemeiner in Gebrauch kommen und wird man dadurch den gegenwärtigen Schwierigkeiten, die ein genügend schnelles Abrahmen der Milch verursacht, in der Praxis begegnen und alle Mal einen süssen Rahm erhalten können.

In kleinen Wirthschaften wird die Butter durch einfaches Rühren der Sahne mit der Hand in einem flachen Kübel erzeugt und es wird daher in Devonshire eine schweissfreie Hand für eine gute Meierin als unentbehrlich angesehen.

Das jetzt gewöhnlich gebräuchliche Verfahren bei der Butterbereitung ist nun dies, dass man die Milch abrahmt und die Sahne von selbst zum Gerinnen kommen lässt; früher war es indessen allgemein üblich, dass man die Milch stehen liess, bis sie mehr oder minder sauer geworden, und dann die ganze Masse butterte. Diese Praxis wird noch jetzt in ausgedehntem Maasse von vielen kleineren Farmern in verschiedenen Gegenden Englands geübt, besonders in der Umgebung grosser Städte, wo Nachfrage nach Buttermilch herrscht.

Die Vereinigung der Fettkügelchen kann auch durch Erhitzen der Milch bis nahe zum Kochen bewirkt werden, wodurch die Fetttheilchen an die Oberfläche steigen, schmelzen, sich von den sie umgebenden fremden Theilchen absondern und zusammenfliessen, so dass sie alsdann eine Schicht von geschmolzenem Fett an der Oberfläche der

Milchflüssigkeit bilden. Diese Methode soll besonders in manchen heissen Gegenden befolgt werden, um die grosse Handarbeit beim Buttern zu umgehen; im Allgemeinen wird jedoch sonst bei der Butterbereitung die Vereinigung der Fettkügelchen durch mechanische Mittel bewirkt.

Bei der practischen Darstellung der Butter werden Butterfässer von den mannigfaltigsten Formen in Anwendung gebracht; jede Gegend und fast jeder kleinere District besitzt eine oder mehrere bevorzugte Arten derselben.

Wie man leicht ersieht, müsste ein Butterfass von der vollkommensten Construction so beschaffen sein, dass die Bewegung der Sahne oder der Milch gleichmässig, wenigstens so viel als dies irgend möglich ist, durch die ganze Masse hindurch erfolgt; es bleibt die Hauptsache, dass die Verwandlung des sämmtlichen Fettes in Butter nahezu gleichzeitig bewirkt werde; denn falls die Masse ungleichmässig durchgerührt wird, so hat das Fett Neigung, sich zu verschiedenen Zeitpunkten in Butter umzuwandeln; die in den ersten Stadien des Processes gebildeten Antheile derselben werden in eine weichere Masse zerstampft und die fertige Butter wird dadurch verschlechtert, indem sie ihr körniges Ansehen verliert.

Während des Butterns muss auch besondere Aufmerksamkeit auf die Temperatur der Milch verwendet werden; am geeignetsten wird eine solche von 15—16° gehalten; falls sie unter 12—13° sinkt, so wird die mechanische Arbeit beim Buttern, selbst im Sommer, bedeutend vermehrt; im Winter darf die Temperatur auf 18—19°, oder bei sehr kalter Witterung auf 21° steigen, ohne irgendwelche Nachtheile für das Fabrikat zu verursachen. Es ist ferner constatirt worden, dass das Buttern grössere Schwierigkeiten macht, wenn die Kühe mit trockenem Futter gemästet sind, als wenn sie, wie im Sommer, mit Gras gefüttert wurden.

Etwas sauer gewordene Sahne buttert sich leichter und bei niedrigerer Temperatur, als frischer Rahm; wenn sie indessen sehr sauer ist, wird ihr Uebergang in Butter wieder bedeutend erschwert; die Ausbeute an Butter wird geringer und der Geschmack derselben wird erheblich benachtheiligt.

Geschichtliches. — Die Butter scheint schon in sehr früher Zeit bekannt gewesen zu sein. Bei den Juden wurde sie in ausgedehntem Maasse als Nahrungsmittel benutzt; bei den Griechen und Römern wurde sie hauptsächlich als Salbe zum Einreiben des Körpers gebraucht und im südlichen Europa wird sie noch jetzt von den Apothekern für äusserliche Anwendung verkauft. Plinius berichtet von der Butter, dass sie von den barbarischen Völkern sehr geschätzt werde und dass ihr Gebrauch als Unterscheidungsmerkmal für den Reichen gegenüber dem Armen gelte. Er setzt hinzu, dass sie durch Rühren der Kuh-, Ziegen- oder Schafmilch in länglichen Gefässen mit engem Halse bereitet werde. Zweifellos ist es, dass die Butter den Angelsachsen recht gut bekannt war, denn es finden sich mannigfache Andeutungen über die Benutzung derselben bei der Bereitung ihrer Salben und Medicamente. Wie es scheint, wurde die Butter ihnen hauptsächlich von den Ziegen und Schafen geliefert; die Kuhbutter wird häufig ausdrücklich von den anderen Sorten unterschieden.

Chemische Zusammensetzung.

Die Butter besteht aus einem Gemisch von verschiedenen, zusammengesetzten Glyceryläthern der Fettsäurereihe, welche eine sehr complicirte Constitution besitzen. Die in der Butter aufgefundenen fetten Säuren sind die Butter-, Capron-, Capryl-, Caprin-, Myristicin-, Palmitin-, Stearin- und die Oelsäure.

Es ist üblich, die ersteren vier als lösliche Fettsäuren zu bezeichnen, da sie in heissem Wasser mehr oder weniger löslich sind, während die anderen vier als unlösliche aufgeführt werden, weil sie sich in kochendem Wasser sehr schwer lösen. Die erstere Gruppe kann man weiterhin eintheilen in solche, die sich in kaltem Wasser lösen, resp. nicht lösen, und die zweite Gruppe in solche, deren Bleisalze in Aether löslich, resp. darin unlöslich sind.

Drei Molecüle dieser Säuren sind mit einem Molecül Glycerin in der Art combinirt, dass sich daraus (unter Austritt von Wasser) ein Molecül Butterfett gebildet hat. Da sich an der Erzeugung des Butterfettes verschiedene Glieder der Fettsäurereihe betheiligen, so erscheint die Annahme nicht ungerechtfertigt, dass in einem Molecül des Fettes nicht drei Reste derselben Säure mit einem Glycerinrest combinirt sind, sondern vielmehr die Reste von drei verschiedenen Säuren, so dass eine dreisäurige Verbindung, etwa in folgender Weise, entsteht:

$$\left.\begin{array}{l}\text{Oelsäure-}\\ \text{Palmitinsäure-}\\ \text{Buttersäure-}\end{array}\right\}\text{Glycerid.}$$

Die Forschungen über das Butterfett ergaben, dass seine Zusammensetzung dieser Theorie entspricht. Wenn gewöhnliches thierisches Fett mit etwa $10^0/_0$ Butyrin [dem Tri-Butyrat des Glycerins $(C_4 H_7 O)_3$. $C_3 H_5 O_3$] zusammengeschmolzen und gemischt wird, so lässt sich die letztere Verbindung durch heissen Alcohol vollständig ausziehen und das gewöhnliche thierische Fett wird in demselben Zustande, wie vor der Vermischung, zurückerhalten.

Wenn man dagegen das Butterfett für sich mit heiṅm Alcohol behandelt, so werden von demselben nur 2—3 Gewichtsprocent gelöst. Der gelöste Antheil besteht aber nicht, wie zu erwarten wäre, aus Buttersäure- und Capronsäure-Glyceriden, sondern aus einem Fett, welches bei 15.5° schmilzt und bei der Verseifung $13-14^0/_0$ lösliche und $79-80^0/_0$ unlösliche Fettsäuren liefert. Der niedrige Schmelzpunkt des ausgezogenen Fettes rührt auch nicht von einem relativ hohen Gehalt an Oelsäure her, da die daraus durch Verseifung erhaltenen unlöslichen Fettsäuren einen höheren Schmelzpunkt besitzen, als das Gemisch der unlöslichen Säuren, wie es direct aus dem Butterfette erhalten wird.

Die Resultate stimmen nahezu auf eine Verbindung von der folgenden Zusammensetzung:

$$\left.\begin{array}{l}C_{18}H_{33}O\\C_{16}H_{31}O\\C_{4}H_{7}O\end{array}\right\}C_{3}H_{5}O_{3},$$

d. i. ein Oel-, Palmitin-, Buttersäure-Glceryläther.

Die Ergebnisse einer partiellen Verseifung des Butterfettes führen dazu, diese Theorie von der complicirten Art und Weise seiner Zusammensetzung zu bestätigen; ehe wir indessen die in dieser Richtung angestellten Experimente beschreiben, dürfte es von Nutzen sein, kurz darauf hinzuweisen, was überhaupt beim Verseifen der Butter vor sich geht.

Wenn geschmolzenes Butterfett mit einer alcoholischen Lösung von Natrium- oder Kaliumhydrat im Ueberschuss zusammen gebracht und gelinde erwärmt wird, so spaltet es sich in freiwerdendes Glycerin und in Fettsäuren, welche sich mit dem Alkali zu einer Seife verbinden. Auf Zusatz einer genügenden Menge einer Mineralsäure, z. B. Schwefelsäure, zu der Lösung der Seife in heissem Wasser werden die Fettsäuren in Freiheit gesetzt; die in heissem Wasser löslichen bleiben in Lösung, während die darin unlöslichen in Form eines Oels an die Oberfläche steigen.

Wenn dagegen eine Quantität Butterfett mit nur so viel alcoholischer Alkali-Lösung behandelt wird, dass dieselbe nicht hinreicht, die Gesammtmenge der fetten Säuren, welche aus der angewandten Substanz abgeschieden werden können, zu sättigen, so wird sich das Alkali zunächst mit den löslicheren Säuren verbinden; — wie dies bei einer so complicirten Verbindung, wie die Butter, welche zwei oder mehr verschiedene Säurereste in demselben Molecül enthält, von vornherein erwartet werden darf; — und es wird ein Glycerid hinterbleiben, das seiner löslichen Säurereste ganz und gar beraubt ist.

Zur näheren Erläuterung des Gesagten wird es zweckmässig sein, hier die Resultate eines wirklich ausgeführten

Versuches zu geben: 20 Gramm Butterfett, von dem erwiesen war, dass es reichliche Mengen löslicher Fettsäuren lieferte, wurden mit der Hälfte der ihnen äquivalenten Menge Natriumhydrat, welches in Alcohol gelöst war, behandelt. Das Gemisch wurde bis zur völligen Lösung des Fettes erwärmt und sodann ein Ueberschuss heissen Wassers zugesetzt, wodurch sich etwas unverseiftes Fett abschied. Dasselbe wurde abgetrennt, mit heissem Wasser gewaschen und im Wasserbade getrocknet. Es erwies sich als ein Oel, welches bei ungefähr 4—5° erstarrte, und nach der Verseifung mit einer Normal-Natronlösung keine löslichen, dagegen 88.1% unlöslicher Fettsäuren lieferte. Dieses Resultat stimmt in befriedigender Weise mit der Zusammensetzung eines zweisäurigen Oelsäure-Palmitinsäure-Glycerids, also

$$\left.\begin{array}{l} C_{18}H_{33}O \\ C_{16}H_{31}O \\ OH \end{array}\right\} C_3H_5O_3.$$

Versucht man, die verschiedenen Glyceride durch fractionirtes Lösen und Wiederabscheiden mittelst Gemischen von Alcohol und Aether zu trennen, so bleiben, wie bereits bemerkt, in der That einzelne Antheile von dem wesentlichen Charakter eines reinen Butterfettes zurück, mit Ausnahme einer kleinen Menge eines härteren krystallinischen Fettes. Dasselbe macht ungefähr 2% von dem angewandten Butterfett aus, löst sich in heissem Aether und liefert bei der Verseifung nur $1/2$% löslicher Fettsäuren.

Bei einer sorgfältigen Analyse einer vorzüglichen englischen Butter wurden folgende Resultate erhalten, welche den Gehalt an Fett, Casein, Salz und Wasser angeben:

Fett	90.27%
Casein	1.15 „
Salz	1.03 „
Wasser	7.55 „
	100.00%

Fett. — Der Gehalt der Butter an wirklichem Butterfett — d. h. an der Substanz, welche nach Abscheidung sämmtlichen Wassers, Salzes und Käsestoffes übrig bleibt, schwankt von 78—90$^0/_0$: der Durchschnitt beträgt ungefähr 82$^0/_0$.

Wasser. — Die Butter enthält eine veränderliche Menge von Wasser; dasselbe rührt theils aus der zu ihrer Darstellung verwandten Sahne oder Milch her, theils ist es Waschwasser, welches beim Auswaschen der Hauptmenge des Käsestoffs aus der frisch bereiteten Butter zurückblieb. Der Wassergehalt der käuflichen Butter schwankt von 5 bis 20$^0/_0$; die Mehrzahl der Proben zeigt jedoch einen solchen von 8—16$^0/_0$. Eine grössere Quantität, als 12$^0/_0$ Wasser, ist unnöthig, in so fern, als dadurch das gute Aussehen des Fabrikates beeinträchtigt wird; und jeder Mehrgehalt, als 16$^0/_0$ Wasser, ist nachtheilig für die Haltbarkeit der Butter. Es ist constatirt worden, dass es in manchen Gegenden nicht ungewöhnlich ist, eine Portion Wasser systematisch in die Butter hineinzuarbeiten und das Quantum, das bei der gewöhnlichen Bereitungsweise naturgemäss eingeschlossen wird, künstlich zu vermehren; ein solches Verfahren, dessen Zweck nur sein kann, das Gewicht der Butter zu erhöhen, ist auf das Strengste zu untersagen.

Casein. — Die Butter enthält verhältnissmässig nur einen geringen Procentsatz an Käsestoff; derselbe rührt von demjenigen Antheil der Milchbestandtheile her, welcher in dem Fett bei seiner Abscheidung während des Butterungsprocesses eingeschlossen bleibt und fast ganz aus Casein neben ein wenig Milchzucker und Milchsäure besteht.

Die Gegenwart einer übermässig grossen Menge Casein, welches eine leicht zur Zersetzung geneigte Eiweisssubstanz ist, bewirkt — besonders wenn gleichzeitig nur wenig Salz und viel Wasser zugegen sind — eine sehr schnelle Veränderung in dem Geschmack und der Güte der Butter. Dieselbe wird alsdann durch das Freiwerden von Buttersäure und anderen Fettsäuren bald ranzig, und ihr lieblicher und angenehmer Geschmack macht einem käseartigen Platz. Obgleich es keineswegs mit Sicherheit festgestellt ist, welchen Bestandtheilen die Butter ihren specifischen Geschmack verdankt, so ist es doch wohl bekannt, dass derselbe sich sehr schnell ändert, sobald das Casein in Zersetzung überzugehen beginnt. Der Schimmel oder Pilz, welcher sich dabei entwickelt, scheint sich zum Theil von dem Glycerin zu nähren, welches aus dem Butterfett entsteht, und von welchem in freiem Zustande keine Spur in alter Butter nachzuweisen ist, während dieselbe dagegen eine beträchtliche Menge freier Fettsäuren enthält.*)

Abgesehen von der Anwendung einer guten Sahne oder Milch, besteht die Kunst der Bereitung einer guten Butter, die ihr feines Aroma und ihren angenehmen Geschmack längere Zeit bewahren soll, hauptsächlich in der Entfernung eines Ueberschusses von Casein und der Molken, d. i. des wässerigen Bestandtheils der Milch, welcher immer etwas Zucker gelöst enthält; die Entfernung dieser Substanzen geschieht durch wiederholte Behandlung der Butter mit frischem Brunnenwasser.

Wenn die Sahne mehrere Tage lang bis zum Sauerwerden aufbewahrt und dann erst gebuttert wurde, so ist die erzeugte Butter oftmals nicht nur von weniger angenehmem Geschmack, sondern sie unterliegt auch bald einer weiteren Verschlechterung.

---

*) Nach Hagemann (Landw. Vers.-Stat. 28, 201 u. Techn. Ch. Jahrb. 5, 416) ist das Ranzigwerden der Butter hauptsächlich durch den Gehalt derselben an Milchzucker bedingt, welcher unter günstigen Bedingungen in Milchsäure zerfällt, welche alsdann die in den kohlenstoffärmeren Glyceridäthern vorhandene Fettsäure in Freiheit setzt. Der Milchzucker ist durch Auswaschen mit Wasser, die Fettsäure durch Behandlung mit Natronlauge zu entfernen. Da der Zerfall des Milchzuckers in Milchsäure durch Bacterien veranlasst wird, muss die Entwickelung der Letzteren verhindert oder erschwert werden.

Ueber Conserviren der Butter und Verbesserung ranziger Butter durch Wasserstoffsuperoxyd nach Busse s. Chem. Zeit. 6, 1347.

[Anm. d. Uebers.]

Wir haben in der Butter 0.11—5.3% Casein gefunden; die meisten Sorten enthielten jedoch 0.5—2.0%; bei sorgfältig bereiteter Butter sollte die Menge des Caseins 1% nicht überschreiten. —

Salz. Die Butter enthält sehr wechselnde Mengen Salz. Wir haben den Gehalt daran von 0.4—15% schwankend gefunden: die Mehrzahl der Proben stellte sich auf 2—7%.

Es lässt sich keine genaue Definition für „gesalzene" und „frische" Butter geben, da der Grad der Salzigkeit, welcher gewohnheitsgemäss in einer Gegend für „frische" Butter zulässig ist, so gross sein kann, dass er in einem anderen Bezirk schon „gesalzene" Butter ausmacht. —

Fettsäuren. Wenn das Butterfett verseift wird, verbindet sich das Wasser mit einigen seiner Bestandtheile und das Gewicht des Ganzen wird entsprechend vermehrt; es geben z. B. bei der oben erwähnten Verseifung 100 Theile des Fettes zusammen 106.32 Theile Glycerin und fette Säuren. Die Resultate einer Untersuchung dieses Fettes sind folgende:

Buttersäure	6.13
Capron-, Capryl- und Caprinsäure	2.09
Palmitin-, Stearin- und Myristicinsäure	49.46
Oelsäure	36.10
Glycerin	12.54

Die Menge der Buttersäure kann durch Zersetzen der Butterseife mit Normal-Schwefelsäure in der Seite 77 beschriebenen Art und Weise bestimmt werden;[*]) statt aber die heisse Lösung gleich zu filtriren, wird der Inhalt des

---

[*]) Als Indicator kann man hier zweckmässig statt des Lacmus das Phenolphtalein benutzen, welches bei Gegenwart der kleinsten Menge überschüssigen Alkali's eine intensiv rothe Färbung der Flüssigkeit verursacht; s. Bayer, Ber. D. Chem. Ges. 4, 659.

[Anm. d. Uebers.]

Kolbens zunächst auf 15—16° abgekühlt und dann erst die saure Flüssigkeit abfiltrirt. Die erstarrten Fettsäuren werden auf's Neue mit Wasser erhitzt, wieder abgekühlt und die Waschflüssigkeiten dem ersten Filtrate zugefügt. Die freie Säure in den Filtraten wird darauf durch Neutralisiren mit $^1/_{10}$ Normal-Natronlauge bestimmt und aus der verbrauchten Anzahl Cubikcentimeter der Procentgehalt an Säure berechnet, indem man die Zahl 88 als das Aequivalentgewicht der Buttersäure zu Grunde legt. —

Die Menge der Capronsäure und anderen Fettsäuren dieser Gruppe, welche in *kaltem* Wasser unlöslich sind und in festem Zustande im Kolben zurückbleiben, wird dadurch ermittelt, dass man sie durch Auswaschen mit heissem Wasser von den eigentlich unlöslichen Fettsäuren trennt, das saure Filtrat mit Barytwasser neutralisirt, zur Trockne verdampft und das Baryumsalz wägt. Dasselbe kann alsdann eingeäschert und das Gewicht der an Baryum gebunden gewesenen Säuren aus der bei der Verbrennung zurückbleibenden Quantität Baryumcarbonat berechnet werden; oder man kann das Baryumcarbonat in Baryumsulfat verwandeln und aus diesem das Gewicht des Baryums, welches an die fetten Säuren gebunden gewesen war, berechnen. Das Aequivalent dieser Säuren in dem Butterfett, — dessen Analyse oben gegeben ist — betrug 136, woraus sich ergiebt, dass der Gehalt an löslichen Fettsäuren zu niedrig gefunden wird, wenn man dieselben, wie es bei der Butteruntersuchung in der Regel geschieht, aus dem Moleculargewicht der Buttersäure berechnet.

Der Procentgehalt an Oelsäure kann durch Verwandeln der unlöslichen Fettsäuren in die Bleiseife, Ausziehen des ölsauren Blei's durch Aether und Zersetzen der ätherischen Lösung der Seife mit Salzsäure bestimmt werden. Die ätherische Flüssigkeit, welche jetzt die Oelsäure enthält, wird filtrirt, der Aether verdunstet und der ölartige Rückstand (Oelsäure) gewogen.

Palmitinsäure etc. können aus der Differenz berechnet werden, indem man den gefundenen Procentgehalt an Oelsäure von dem Gesammtgehalt des Fettes an unlöslichen Fettsäuren abzieht. Das Verhältniss der löslichen zu den unlöslichen Fettsäuren in der Butter ist von verschiedenen Chemikern verschiedenartig festgestellt worden. Der Mangel an Uebereinstimmung in den Resultaten entspringt nicht sowohl aus einer erheblichen Verschiedenheit der Untersuchungsmethoden, als vielmehr aus der Thatsache, dass ein Handelsartikel, der, wie die Butter, von verschiedenen Kuhracen stammt, und unter ganz verschiedenen Ernährungs- und klimatischen Bedingungen producirt wird, in seiner Zusammensetzung beträchtlichen Schwankungen unterworfen ist, besonders hinsichtlich der Mengenverhältnisse der darin enthaltenen löslicheren Fettsäuren. Es ist dies aus der Tabelle S. 89—92 ersichtlich, wo die Resultate der Untersuchung von mehr als hundert Butterproben zusammengestellt sind.

Nachstehend ist eine kurze Beschreibung der Fettsäuren, welche in der Butter vorkommen, gegeben:

Buttersäure, $C_4 H_8 O_2$. — Diese Säure findet sich als Glycerid in verschiedenen Thier- und Pflanzenfetten, am reichlichsten jedoch im Butterfett; auch kommt sie im Schweisse des Menschen und in verschiedenen, in Zersetzung begriffenen vegetabilischen und animalischen Substanzen vor; in dem ätherischen Oel von Heracleum giganteum ist sie als zusammengesetzter Aether enthalten, ebenso in den Saamen des gewöhnlichen Pastinaks. Künstlich bildet sie sich durch Oxydation von normalem Butylalcohol und kann noch auf verschiedene andere Weise erhalten werden; die geeignetste Darstellungsmethode ist indessen die, dass man Zucker in Berührung mit faulem Käse gähren lässt.

Die Buttersäure bildet eine farblose Flüssigkeit von ranzigem Geruch; ihr spec. Gew. beträgt 0.958 bei 14° C.

Sie ist unverändert destillirbar, löst sich in allen Verhältnissen in Alcohol, Aether und kaltem Wasser, wird aber aus der Lösung leicht durch Zusatz von löslichen Salzen abgeschieden.

Capronsäure, $C_6 H_{12} O_2$. — Diese Säure, welche sich in geringerer Menge im Butterfett findet, kommt als Glycerid in erheblicherer Quantität in Cocosnussöl, und ausserdem im freien Zustande neben der Buttersäure im Schweiss vor; auch findet sie sich als zusammengesetzter Aether in dem flüchtigen Aether der Bärenklau (Heracleum spondylium), und bildet sich durch Oxydation von Eiweiss-Substanzen, sowie einiger Fettsäuren von höherem Atomgewicht.*)

Die Capronsäure ist eine farblose, leicht bewegliche ölige Flüssigkeit, welche leicht in Alcohol, Aether und kochendem Wasser löslich ist; sie besitzt ein spec. Gew. von 0.931 bei 15°, siedet bei 205° und zeigt einen ziemlich angenehmen, aber dabei etwas stechenden Geruch.

Caprylsäure, $C_8 H_{16} O_2$. — Diese gleichfalls in der Butter vorkommende Säure bildet auch einen Bestandtheil des Cocosnussöls und wurde ausserdem in verschiedenen Arten des Fuselöls gefunden, theils in freiem Zustande, theils als Aethyl- und Amyläther. Sie löst sich leicht in Alcohol und Benzol, nicht in kaltem, aber leicht in heissem Wasser. Sie zeigt ein spec. Gew. von 0.911 bei 20°, siedet bei 236°, wird bei 12° fest und besitzt einen schwachen, aber unangenehmen Geruch, welcher besonders beim Erwärmen hervortritt.

---

*) Die Capronsäure (Isobutylessigsäure) findet sich ausserdem auch in dem Fruchtfleisch von Gingko biloba (Béchamp) und in den Blüthen von Satyrium hircinum (Chautard); die im Fuselöl der Runkelrübenmelasse enthaltene Säure ist vielleicht die normale Capronsäure. Vergl. Beilstein, Org. Ch. p. 202. [Anm. d. Uebers.]

Caprinsäure, $C_{10}H_{20}O_2$. Dieselbe ist ein weisser, crystallinischer Körper, der einen schwachen Bockgeruch besitzt. Ausser in der Butter findet sie sich neben Capron- und Caprylsäure im Cocosnussöl; auch bildet sie gleichfalls einen Bestandtheil des Fuselöls, besonders der bei der Destillation von Kornspiritus gewonnenen Flüssigkeit.

Die Caprinsäure ist sehr leicht in Alcohol und Aether, nicht in kaltem, aber leicht in kochendem Wasser löslich; sie schmilzt bei 27—28°.

Myristicinsäure, $C_{14}H_{28}O_2$. Diese Fettsäure kommt nur in geringer Menge in der Butter vor; sie bildet dagegen einen wesentlichen Bestandtheil verschiedener vegetabilischer Fette, so der Muskatbutter, des Otoba-Wachses, des Cocosnuss- und Crotonöls und des Dika-Fettes; in dem Letzteren soll sie mehr als die Hälfte der darin enthaltenen Fettsäuren ausmachen.

Die Myristicinsäure ist ein fester Körper, welcher weisse Krystallplättchen bildet, die denen der Palmitinsäure ähneln. Sie ist unlöslich in Wasser und Aether, wird aber in reichlicher Menge von heissem Alcohol aufgenommen, aus dem sie beim Erkalten krystallisirt. Sie schmilzt bei 53—54° und ist specifisch leichter als Wasser.

Palmitinsäure, $C_{16}H_{32}O_2$. Diese Säure macht einen grossen Antheil der unlöslichen Fettsäuren des Butterfettes aus. Sie kommt als Glycerid in manchen natürlichen Fetten vor, wie z. B. im Palmkernöl (dem Erzeugniss von Elais guineensis), in dem Chinesischen Talg (von dem Talgbaum, Stillingia sebifera) und im japanischen Wachs (von Rhus succedanea).

Die Palmitinsäure ist ein fester, weisser, geruch- und geschmackloser Körper; sie ist leichter als Wasser und in demselben unlöslich, wird aber leicht von heissem Alcohol und Aether gelöst; sie schmilzt bei 62° und erstarrt beim Abkühlen zu einer krystallinisch-blättrigen Masse.

Stearinsäure, $C_{18} H_{36} O_2$. — Dieselbe findet sich im Butterfett nicht gerade in grosser Menge; dagegen bildet sie einen constanten Bestandtheil der festen Fette des Thierreichs und kommt am reichlichsten im Rinds- und Hammeltalg vor. Sie ist ein fester, weisser, geruchloser Körper, nicht in Wasser, aber in Alcohol und Aether löslich; sie schmilzt bei 69° und erstarrt, wie die Palmitinsäure, beim Abkühlen zu einer krystallinisch-blätterigen Masse.

Oelsäure, $C_{18} H_{34} O_2$. — Diese Säure, welche zu der Acrylsäurereihe gehört, macht ungefähr ein Drittel vom Gewicht des gesammten Butterfetts aus. Sie ist ausserdem weit in der Natur verbreitet, da sie den flüssigen Antheil der meisten natürlichen Fette und nichtflüchtigen Oele, z. B. des Oliven- und Mandelöls bildet.

Die Oelsäure ist geschmack- und geruchlos und besitzt ein spec. Gewicht von 0.898 bei 19°. Sie ist unlöslich in Wasser, aber sehr leicht in Alcohol und in allen Verhältnissen in Aether löslich. Sie krystallisirt aus der alcoholischen Lösung in weissen Nadeln, welche bei 14° zu einem farblosen Oel schmelzen, das bei 4° wieder erstarrt.*)

---

*) Ausser den Triglyceriden der Fettsäuern ist von Gobley im Milchfett auch noch Lecithin in geringer Menge nachgewiesen worden (Vergl. König; Die menschl. Nahrungs- u. Genussmittel p. 233.)

[Anm. d. Uebers.]

Aussehen unter dem Mikroskop.

Es wird immerhin von Interesse sein, das mikroskopische Bild ächter Butter dargestellt zu sehen, obgleich man in der Praxis bei der Prüfung verdächtiger Proben nur wenig zum Mikroskop seine Zuflucht nehmen wird, ausser in dem Falle, dass es sich um die Auffindung mechanischer Verunreinigungen handelt. Aus nachstehender Abbildung

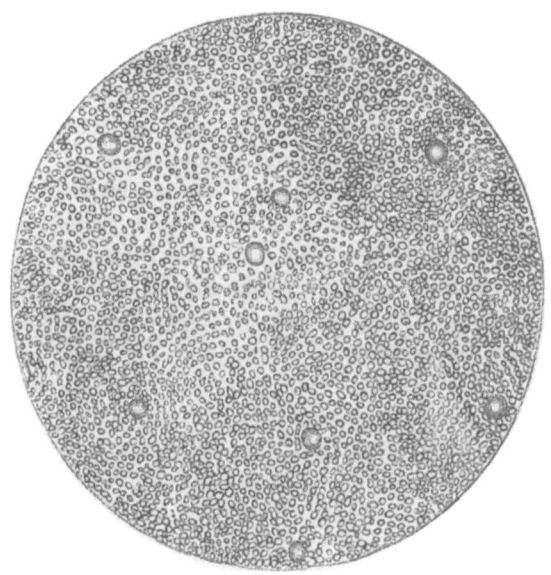

Fig. 1. — *Butter. 350fache Linearvergrösserung.*

ist zu ersehen, dass die Butter aus einer Unzahl kleiner, deutlich abgegränzter Fettkügelchen besteht. Neben diesen sind, unregelmässig über das Gesichtsfeld zerstreut, einige grössere Kügelchen zu unterscheiden.

Untersuchung der Butter.

Die Untersuchung der Butter zerfällt naturgemäss in zwei Abschnitte: 1. Die Bestimmung des Wassers, Salzes, Caseins und Fettes; und 2. die Bestimmung der Zusammensetzung des Butterfettes.

Wasser. — Dasselbe wird durch Trocknen einer Quantität Butter in einer Platinschaale bei 100° bestimmt. Es ist empfohlen worden, das Trocknen bei einigen Graden über 100 vorzunehmen; wir haben indessen gefunden, dass die Anwendung der letzteren Temperatur schon befriedigende Resultate ergiebt, wenn nur die Verdampfung des Wassers sorgfältig geleitet wird. Fünf Gramm Butter — aus der Mitte der Probe entnommen oder da, wo sonst ein guter Durchschnitt am besten erlangt werden kann — werden in einer Platinschaale von solcher Form abgewogen, dass die geschmolzene Butter eine möglichst dünne Schicht auf dem Boden derselben bildet. Die Tara des Platingefässes nebst einem am Ende abgeplatteten Glasstab ist vorher festgestellt. Die Schaale wird nun in eine der Oeffnungen eines lebhaft kochenden Wasserbades gebracht und die Butter von Zeit zu Zeit gut umgerührt, um das Wasser durch die ganze Masse des geschmolzenen Fettes zu vertheilen. Die Verdampfung des Wassers schreitet mit grosser Regelmässigkeit fort und das Minimalgewicht wird binnen 3—4 Stunden erreicht. Da das heisse Fett aber Neigung hat, nach einiger Zeit an Gewicht zuzunehmen, so erscheint es sehr wünschenswerth, das Trocknen so viel als möglich zu beschleunigen. Der ermittelte Gewichtsverlust wird als Wasser angenommen und daraus der Procentgehalt desselben berechnet.

Salz. Die aus dem vorigen Versuch resultirende, getrocknete Buttermasse wird mit warmem Aether oder Petroleumäther behandelt, der Inhalt der Platinschaale auf ein tarirtes Filter gebracht und mit Aether gewaschen, bis jede

Spur Fett daraus entfernt ist. Der Rückstand auf dem Filter wird im Wasserbade getrocknet und sein Gewicht bestimmt. Das darin enthaltene Salz wird alsdann durch Behandeln mit warmem Wasser gelöst; die in der Lösung befindlichen Chloride bestimmt man gewichtsanalytisch durch Fällen mit Silbernitrat oder volumetrisch durch Titriren mit $^1/_{10}$ Normal-Silberlösung. Die Menge des gefundenen Chlors wird auf die äquivalente Quantität Natriumchlorid oder gewöhnliches Salz berechnet, woraus sich dann der Procentgehalt der Butter an Salz ergiebt.

Casein. Die Differenz zwischen der wie oben bestimmten Menge Salz und dem Gesammtgewicht von Käsestoff + Salz, wie es sich auf dem gewogenen Filter ergab, wird als die Menge des vorhandenen Caseins betrachtet. Dasselbe kann auch durch Wägen des Rückstandes auf dem Filter nach dem Auswaschen des Salzes direct bestimmt werden; doch giebt dieses Verfahren in der Regel 0.4—0.5 % weniger Casein, da eine grössere Menge von den löslichen Antheilen desselben durch das warme Wasser ausgezogen wird.

Fett. Das Butterfett kann durch Verdampfen des ätherischen Filtrats, welches beim Auswaschen des Salzes etc. erhalten worden, Trocknen und Wägen des Verdunstungsrückstandes bestimmt werden. Da das Butterfett indessen Neigung besitzt, bei dieser Behandlung etwas an Gewicht zuzunehmen, so thut man besser, das Fett durch Subtraction des Gewichtes von Wasser, Casein und Salz von dem Gewicht der angewandten Butter zu bestimmen und aus der Differenz den Procentgehalt an Fett zu berechnen.

Bei der Untersuchung der Butter kommt es hauptsächlich darauf an, die Art derjenigen Bestandtheile festzustellen, die der Butter eigenthümlich sind, sowie derjenigen, die den gewöhnlichen Thier- und Pflanzenfetten gemeinsam zukommen. Ein zweites Hauptaugenmerk ist auf das Verhältniss, in welchem diese Bestandtheile neben einander vorkommen, zu richten; weil es jedoch, mit Ausnahme für die Butter- und Oelsäure, bisher keine zuverlässigen Methoden giebt, um die fetten Säuren einigermassen genau quantitativ zu bestimmen, so wird man zu ihrer weiteren Trennung nur selten seine Zuflucht nehmen.

Die relative Menge der löslichen und unlöslichen Fettsäuren kann durch Verseifen einer gewogenen Quantität des Butterfettes bestimmt werden. Zu diesem Zwecke wird die Butter zunächst vom Wasser, Casein und Salz befreit, indem man sie in einem Becherglas im Wasserbade auf 65—66° erhitzt, das klar sich abscheidende Fett abgiesst und es durch ein Filter laufen lässt, um einige Salz- und Caseinpartikelchen, die es noch enthalten kann, zu entfernen. Die Abtrennung des Fettes soll so schnell als möglich und bei möglichst niederer Temperatur geschehen. Sodann wird das specifische Gewicht des völlig klaren und trockenen Fettes bei 37.7° C. (100° F.) bestimmt.

Hierzu wendet man ein gewöhnliches Pyknometer von Birnenform an, in welches ein empfindliches Thermometer eingesetzt ist, dessen Kugel fast bis zur Mitte des Gefässes reicht. Das Fett wird bei etwa 8—9° über der angegebenen Temperatur in die Flasche gefüllt und nach und nach auf dieselbe abgekühlt; sobald die Temperatur von 37,7° erreicht ist, trägt man Sorge, sogleich den Glasstopfen aufzusetzen, da sonst ein zu hohes specifisches Gewicht würde erhalten werden.

Es ist empfohlen worden, die Temperatur in der Flasche dadurch zu reguliren, dass man dieselbe in Wasser stellt, welches man auf 100° F. erhält; wir haben diese Vorsichtsmaassregel indessen als überflüssig befunden, da bei der nöthigen Sorgfalt die erstere Methode völlig zuverlässige Resultate giebt.

Um das wahre specifische Gewicht des Fettes zu erhalten, muss das in obiger Weise bestimmte absolute Gewicht desselben durch das Gewicht einer Quantität Wasser von 100° F., welche dieselbe Flasche fasst, dividirt und der Quotient mit 1000 multiplicirt werden.

Hat man z. B. eine Flasche angewandt, welche 50 Gramm destillirtes Wasser von 100° F. (37,7° C.) fasst, und wurde das Gewicht eines gleichen Volumens Fett zu 45.58 Gramm gefunden, so ist das specifische Gewicht des Fettes auf Wasser $= 1000$ bezogen: $\left(\frac{45.58}{50} \times 1000\right) = 911.6$. Die Temperatur von 37,7° C. (100° F.) ist gewählt worden, weil fast alle Gemische von animalischen oder vegetabilischen Fetten, welche zur Butterfälschung benutzt werden können, erst einige Grade unterhalb dieser Temperatur erstarren.*)

Bei der Verseifungsprobe wird eine Natronlösung von unbestimmter oder von bekannter Stärke angewandt, je nachdem man nur die unlöslichen Fettsäuren oder beide Arten, lösliche und unlösliche, zu bestimmen beabsichtigt. Die erstere Methode wurde bei der Butteruntersuchung zuerst von Hehner und Angell angewandt; eine Verbesserung der Methode, welche es ermöglicht, beide erwähnten Säurearten zu bestimmen, wurde von Dupré vorgeschlagen.

Zu diesem Zwecke werden eine alcoholische Normal-Natronlösung und eine verdünnte Schwefelsäure bereitet, welche Letztere ein wenig stärker, als die Natronlösung ist. Von dem trockenen, geschmolzenen Butterfett werden 4 bis 5 Gramm in eine Schüttelflasche von starkem Glase gebracht, welche mit einem gut schliessenden Kork oder Caoutschuk-

---

*) Eastcourt (Chem. News Bd. 34, S. 254 und Königs (Milchzeitung 1879, S. 63) bestimmen das spec. Gew. des Butterfettes bei 100° C. in besonders dazu construirten Apparaten. — Casamajor (Chem. News 44,309) beurtheilt die Güte der Butter nach dem spec. Gew. des Butterfettes bei 15° C. Reines Butterfett hat dasselbe spec. Gew., wie reiner Alcohol von 53.7 Procent, nämlich 0.926; ein Tropfen des ersteren, in solchen Alcohol fallen gelassen, schwimmt also in demselben; Oleomargarin (spec. Gew. 0.915, entsprechend einem 59.2 procentigen Alcohol) und mit diesem versetztes Butterfett sinken in dem 53.7 procentigen Alcohol unter. [Anm. d. Uebers.]

stöpsel versehen ist und 25 c. c. der alcoholischen Normal-Natronlösung zugegeben. Der Kork wird mit einem Stück Leder oder festem Zeug verbunden und die Flasche eine Stunde lang auf dem Wasserbade erwärmt, indem man den Inhalt von Zeit zu Zeit in sanfte kreisförmige Bewegung versetzt.

Sodann wird die Flasche vom Wasserbade entfernt, bis nahe zum Erkalten stehen gelassen und die Seifenlösung darauf in eine grössere Flasche mit kurzem weitem Halse von circa 200 c. c. Inhalt gespült.

Diese Flasche wird nun auf dem Wasserbade etwa eine Stunde oder so lange erwärmt, bis der Alcohol zum grössten Theil verdampft ist; die noch heisse Seifenlösung wird alsdann durch Zusatz von 25 c. c. der verdünnten Schwefelsäure zersetzt. — Gleichzeitig werden 25 C. C. der Schwefelsäure zu 25 c. c. der Natronlösung gefügt, der Ueberschuss an Säure durch Neutralisiren des Gemisches mit $1/_{10}$ Normal-Natronlösung bestimmt und die dazu erforderliche Anzahl Cubikcentimeter notirt. — Die abgeschiedenen unlöslichen Fettsäuren steigen an die Oberfläche, doch muss man meist den Inhalt der Flasche ab und zu bewegen, um sie vollständig zu einer ölartigen Schicht zusammenzubringen, bevor man zu ihrer Trennung von den übrigen Fettsäuren schreitet.

Inzwischen hat man ein Filter von bestem schwedischem Papier getrocknet, genau gewogen, in einen Glastrichter eingesetzt und mit heissem Wasser gut angefeuchtet. Der Inhalt der Flasche wird auf das Filter gegossen und das Gefäss wiederholt mit heissem Wasser nachgespült, bis alle Spuren Fett auf das Filter gebracht sind; Filter und Fett werden darauf so lange ausgewaschen, bis das Filtrat nicht mehr sauer reagirt, was in der Regel erst der Fall ist, nachdem 600—700 c. c. Filtrat erhalten sind. Das Filter mit dem nahezu erkalteten Fett wird in eine tarirte Platinschaale gebracht, im Wasserbade bei 100^0 getrocknet und gewogen. Das Gewicht ergiebt, nach Abzug der Tara von Filter und Platinschaale die Menge der unlöslichen Fettsäuren.

Wenn das Fett nicht ganz vollkommen aus der Flasche entfernt zu sein scheint, so wird dieselbe vorsichtshalber noch mit etwas Aether nachgespült und derselbe in einem besonderen Gefässe verdunsten gelassen; es werden indessen bei dieser Behandlung selten mehr, als blosse Spuren Fett, noch gewonnen.*)

Die filtrirte Lösung, welche die löslichen Fettsäuren enthält, wird mit $^1/_{10}$ Normal-Natron-Lösung titrirt.**) Die Zahl der dazu erforderlichen Cubikcentimeter minus der Anzahl der Cubikcentimeter, um welche die Schwefelsäure die Natronlösung überschreitet und wie sie zuvor vermerkt worden, entspricht der Menge der aus der Butter stammenden freien Säuren. Man hat es am geeignetsten befunden, dieselben auf Buttersäure ($C_4 H_8 O_2$) zu berechnen. Bei einem Versuche, bei welchem 5 Gramm Butter angewandt wurden, der Ueberschuss der Acidität der Schwefelsäure 4.5 c. c. und die Totalacidität 37.5 c. c. der $^1/_{10}$ Normal-

---

*) Beim Auswaschen ist der Trichter fortwährend mit heissem Wasser **gefüllt** zu erhalten, da sich sonst leicht Tröpfchen der geschmolzenen unlöslichen Fettsäuren mit durch das Filter ziehen. Das Filtriren geht sehr schnell, fast zu schnell, von Statten und regulirt man daher zweckmässig die Grösse der Abflussöffnung durch Anbringen eines Stückchens Gummischlauch mit Schraubenquetschhahn. Nach dem Abfliessen der Hauptmenge des letzten Waschwassers schliesst man den Quetschhahn ganz und taucht dann den Trichter bis zur Oberfläche der Fettsäurenschicht in kaltes Wasser. Nach dem Erstarren der Fettsäuren lässt man das Wasser vollends abtropfen, bringt das Filter mit Inhalt in das bereit gehaltene Trockenglas, spült das Gefäss und die innere Trichterwandung erst mit etwas Alcohol, dann mit Aether nach, lässt diese Waschflüssigkeiten bei gelinder Wärme verdunsten, trocknet bei 100° und wägt. Wie bei der Wasserbestimmung der Butter ist auch hier das niedrigste der bei wiederholter Wägung erhaltenen Gewichte als das endgültige anzunehmen, da auch die Fettsäuren bei fortgesetztem Erhitzen an der Luft eine Gewichtszunahme zeigen. [Anm. d. Uebers.]

**) s. Note S. 67.

Natronlauge entsprach, ergab sich — da 0.0088 Gramm diejenige Menge Buttersäure ist, welcher 1 c. c. der $^1/_{10}$ Normal-Natronlauge äquivalent ist, — die Formel:
[(37.5—4.5) × 0.0088 × 100]: 5 = 5.80 % Buttersäure.

Muter hat empfohlen, die Fettsäuren in der Kälte zu trennen: die Zersetzung der Seife geschieht, wie bei der vorigen Methode; nachdem die Fettsäuren sich abgeschieden haben, stellt man die Flasche in kaltes Wasser; die erstarrte Fettkruste wird sodann zertrümmert und die Lösung durch Mousselin gegossen; darauf werden die Fettsäuren auf's Neue mit heissem Wasser behandelt und wieder abgekühlt; die Lösung wird wiederum abgegossen und diese Behandlung noch ein drittes Mal wiederholt. Einzelne Theile der festen Masse, die mit übergerissen sein sollten, werden in die Flasche zurückgebracht; endlich wird das Fett im Luftbade bei etwas über 100° getrocknet. Die löslichen Säuren im Filtrate werden ebenso, wie oben beschrieben, bestimmt. Dieses Verfahren ergiebt jedoch einen zu niedrigen Procentgehalt an löslichen Säuren, sobald die Butter irgendwie erhebliche Mengen Capron- oder Caprylsäure enthält, da dieselben in kaltem Wasser nahezu unlöslich sind.

Die Oelsäure kann in dem Gemische der unlöslichen Fettsäuren dadurch bestimmt werden, dass man sie zunächst durch Erhitzen mit fein zertheiltem Bleioxyd in eine Bleiseife verwandelt. Diese wird darauf wiederholt mit erwärmtem Wasser digerirt, welches das Bleioleat löst. Zu dem Filtrate setzt man verdünnte Salzsäure, um die Bleiseife zu zerlegen; die Lösung der freien Oelsäure wird von dem Bleichlorid abfiltrirt, verdunstet und die Säure in einem tarirten Becherglase gewogen.

Die Trennung der Stearinsäure, Palmitinsäure etc. ist von grossen Schwierigkeiten begleitet; doch können dieselben durch fractionirtes Fällen mit Magnesiumacetat und wiederholtes Umkrystallisiren aus Alkohol immerhin in einem derartigen Zustande der Reinheit abgeschieden werden, dass jede einzelne Säure identificirt werden kann. Die von Heintz angegebene Methode, welche wir mit Erfolg für den Nachweis der Stearinsäure in der Butter angewandt haben, möge als Beispiel für das im Allgemeinen bei der Trennung der verschiedenen Fettsäuren zu beobachtende Verfahren hier angeführt werden: Man löst die Butter in einer möglichst kleinen Menge erwärmten Aethers und lässt die festeren Fette auskrystallisiren; der feste Antheil wird zwischen Fliesspapier abgepresst, auf's Neue in Aether gelöst und dieses Krystallisirenlassen und Lösen mehrere Male wiederholt, bis ein Fett erhalten wird, welches bei 57—60° schmilzt. Von diesem Fette werden 4 Theile in einer hinreichenden Menge heissen Alkohols gelöst, so dass beim Erkalten sich Nichts abscheidet; zu der alkoholischen Lösung setzt man 1 Theil Magnesiumacetat, welches zuvor gleichfalls in heissem Alkohol gelöst ist, und lässt das Ganze krystallisiren. Die Krystalle werden von der Mutterlauge getrennt, zwischen Fliesspapier abgepresst und endlich durch Erhitzen mit verdünnter Salzsäure zersetzt. Alsdann wird das abgeschiedene Product, unter jedesmaligem Abpressen ein oder zwei Mal aus Alkohol umkrystallisirt oder so lange, bis eine Fettsäure von 67—68° Schmelzpunkt erlangt ist. Es ist wesentlich, dass die Fettverbindung nach der Abscheidung mittelst Magnesiumacetat nochmals umkrystallisirt wird, da man andernfalls Gefahr läuft, ein Masse zu bekommen, welche bei 64° schmilzt; es ist dies aber auch der Schmelzpunkt der Palmitinsäure, für welche jenes Product irrthümlicher Weise gehalten werden könnte, obgleich es in Wirklichkeit 7 Theile Stearinsäure auf 3 Theile Palmitinsäure enthält.

Schmelzpunkt. — Es sind verschiedene Methoden zur Bestimmung des Schmelzpunktes des Butterfettes vorgeschlagen worden; wir haben jedoch im Laufe unserer Versuche gefunden, dass die Resultate die beste Uebereinstimmung zeigen, wenn man zunächst eine grössere Menge der

Butter schmilzt und dann dadurch rasch abkühlt, dass man sie in einer Platinschaale auf eiskaltem Wasser schwimmen lässt; von diesem Fette wird alsdann ein kleiner Theil mit der Schlinge eines Platindrahtes aufgenommen, dicht an die Kugel eines Thermometers gebracht und mit diesem in ein Becherglas mit Wasser getaucht, welches in einer gleichfalls mit Wasser gefüllten Porzellanschaale steht. Das Wasser wird ganz allmählich erwärmt und die Temperatur, bei welcher das Fett in den flüssigen Zustand übergeht, unmittelbar abgelesen.*)

Verfälschungen.

Die Verfälschung der Butter erfolgt in der Regel durch eine grössere Menge von Wasser oder Salz, oder auch durch Zusatz gewöhnlicher Fette thierischen oder vegetabilischen Ursprungs; sehr selten — wenn es überhaupt jemals vorkommt — werden heutzutage der Butter Mehl oder Mineralsubstanzen beigemischt. Die Hauptaufgabe des Chemikers, welcher sich mit Butteruntersuchungen beschäftigt, besteht daher darin, die Gegenwart fremden Fettes in angeblich reinen Butterproben zu constatiren und seine Quantität zu bestimmen.

Die Methoden, welche man früher hierzu anwandte, waren sehr roh und unbefriedigend und besitzen jetzt kaum noch historisches Interesse. Die Auffindung der oben beschriebenen, leicht auszuführenden Proben, welche übereinstimmende Resultate liefern, hat die Methoden der Butteruntersuchung wenigstens so weit gebracht, dass sie mit den übrigen Methoden, welche bei der Untersuchung anderer Naturproducte zumeist in Anwendung kommen, auf einer

---

*) Wimmel (Jacobsen's chem.-techn. Rep. 1868. I. 34) beurtheilt die Güte der Butter durch Bestimmung des Schmelz- und des Erstarrungspunktes. [Anm. d. Uebers.]

Stufe stehen.*) Die Arbeit des Chemikers wird oft dadurch sehr vereinfacht, dass sich herausstellt, dass das Untersuchungsobject fast gänzlich aus einem gewöhnlichen Thier- oder Pflanzenfette besteht, welches durch Vermischen mit Milch und einem Farbstoffe zu einem Präparate vom Ansehen der Butter aufgearbeitet und mit Salz gewürzt ist. Die Bereitung eines derartigen Artikels, der vor einiger Zeit unter den Namen „Oleomargarin" und „Butterin" bekannt wurde, hat sich in Amerika und auf dem Continent zu einer sehr ausgedehnten Industrie entwickelt und wird in neuerer

---

*) Ausser der oben beschriebenen Methode der Butteruntersuchung ist in Deutschland vielfach die Reichert'sche (Zeitschr. f. anal. Ch. 18, 68) in Gebrauch. Dieselbe ist kurz folgende: 2.5 gr. entwässertes, filtrirtes Butterfett werden in einem, c. 150 c.c. fassenden Kolben mit 1 gr. festem KOH und 20 c.c. Alcohol von 80% verseift und bis zur Verflüchtigung des Alcohols auf dem Wasserbade erhitzt; die Seife löst man in 50 c.c. Wasser, zersetzt dieselbe durch 20 c.c. verd. Schwefelsäure (1:10), bringt in den Kolben zur Vermeidung des Stossens zwei, durch einen Platindraht verbundene Bimsteinstückchen und destillirt unter guter Abkühlung; die zuerst übergehenden 10—20 c.c. Destillat giesst man in den erkalteten Kolben zurück und fängt alsdann 50 c.c. Destillat auf, welches man durch ein angefeuchtetes, kleines Filter in den Maasskolben laufen lässt. Das Destillat wird mit $^1/_{10}$ Normal-Natronlauge, unter Anwendung von Phenolphtalein als Indicator, bis zur schwachen Rothfärbung titrirt. Für 2.5 gr. Substanz braucht man zur Neutralisation im Mittel

bei reinem Butterfett . . . . 13.97 c.c. $^1/_{10}$ Normal-Alkali
„   „   Kunstbutter ca. . . 0.90 „   „   „
„   „   Schweinefett . . . 0.30 „   „   „
„   „   Nierenfett . . . 0.25 „   „   „
„   Rüböl, Rapsöl, Sesamöl,
    Palmöl, Olivenöl etc. . . . 0.2—0.5 „ „   „

Die Grösse der Verunreinigung berechnet Reichert nach der Gleichung $(n - 0.3) \times 7.3 = X$, wobei n die Anzahl der verbrauchten c.c. Natronlauge und X die Procentzahl für das vorhandene reine Butterfett bezeichnet. —

Ambühl (Schweiz. Wochenschr. f. Pharm. 1881. 7. u. Techn. chem. Jahrb. IV. 285) gebrauchte im Mittel 14.67 c.c. $^1/_{10}$ Normal-Alkali

Zeit, wenngleich in beschränkterem Maassstabe, auch in England betrieben. Nachstehend ist eine kurze Beschreibung der Methode gegeben, wie sie in den Vereinigten Staaten bei der Bereitung dieses Präparates befolgt wird: Sorgfältig ausgesuchte Rinderfliesen, welche von allen unansehnlichen Stücken befreit sind, werden zunächst mit warmem, dann

---

zur Neutralisation der aus 2.5 gr. Butterfett erhaltenen flüchtigen Fettsäuren.

E. Reichardt in Jena (Arch. f. Pharm. XI. B. 122. (1884) p. 93 fand bei derselben (Reichert'schen) Methode durchschnittlich 14.16 c. c. Normal-Alkali erforderlich.

Nach Munier (Zeitschr. f. anal. Ch. 21, 3 und Arch. d. Pharm. 1882, p. 850) ist übrigens die Ausbeute an flüchtigen Fettsäuren aus der Butter im October, November, December und Januar am niedrigsten, während sich vom Februar bis zum August eine Steigerung bemerklich macht. Munier nimmt daher für August bis October 11.0 c. c., für October bis März 10 c. c., für März bis Mai 12.1 c. c. und für Mai bis August 12.4 c. c. $^1/_{10}$ Normal-Alkali als untere Grenzwerthe an.

Nach E. Meissl [Dingl. polyt. J. 1879 (233), 229] werden 5 gr. geschmolzenes, filtrirtes Butterfett in einem ungefähr 200 c.c. fassenden Kolben mit 2 gr. festem Kaliumhydrat und 50 c. c. Alcohol von 70% verseift und bis zur Verflüchtigung des Alcohols erhitzt. Der dicke Seifenleim wird in 100 c.c. Wasser gelöst, mit 40 c. c. verdünnter Schwefelsäure (1:10) zersetzt und unter Zusatz von Bimstein destillirt; vom Destillate werden 110 c. c. aufgefangen und von diesen 100 c.c. mit $^1/_{10}$ Normal-Kalilauge titrirt; die verbrauchte Menge der Letzteren wird um $^1/_{10}$ vermehrt. Es lässt sich dabei zwar nicht die Gesammtmenge der flüchtigen Säuren gewinnen, doch gehen immer die gleichen entsprechenden Mengen derselben in dasselbe Volumen des Destillats. Bei reinem Butterfett braucht man im Mittel 28.78 c. c. $^1/_{10}$ Normal-Kalilauge; auch ein Butterfett, dessen Destillat nicht unter 27 c. c. verbraucht, ist noch als unverfälscht zu betrachten; 27—26 c. c. gestatten Zweifel an der Aechtheit; Quantitäten unter 26 c. c. berechtigen zur sicheren Annahme der Verfälschung. — Diese Methode wurde in neuerer Zeit wieder von Sendtner empfohlen (I u. II. Jahresber. des hygien. Inst. zu München; 1882, 18); doch erfordert nach diesem Autor garantirt reine Butter zur Neutralisation der flüchtigen Fettsäuren nur 26 c. c. $^1/_{10}$ Normalnatronlauge.

[Anm. d. Uebers.]

mit kaltem Wasser gewaschen; nach dem Ablassen des Wassers werden sie mit Hülfe eines Hackemessers fein zertheilt, in die Schmelzpfanne gebracht und mittelst einer Dampfschlange auf 48—49° erhitzt. Das klare Fett wird sodann abgelassen und langsam auf 21—22° abgekühlt, bei welcher Temperatur es 12—24 Stunden erhalten wird, bis es eine deutlich körnige Beschaffenheit angenommen hat. Das halberkaltete Fett wird nun, in Tücher eingeschlossen, einem starken Druck ausgesetzt, und das ausgepresste Oel, in passenden Gefässen gesammelt. Die Ausbeute an Oel beträgt ungefähr 50$^0/_0$ des angewandten Fettes. Die harten, stearinartigen Fettklumpen, welche in der Presse zurückbleiben, werden zu verschiedenartigen Zwecken benutzt. Das Oel wird bei 21—22° mit Milch und einem kleinen Zusatz von Orlean*) und Natriumcarbonat aufgebuttert und

---

*) Eine aus dem Fruchtfleisch von Bixa Orellana L. im tropischen Amerika und in Ostindien durch eine Art Gährung — häufig unter Anwendung von Urin — bereitete Teigmasse.

Ueber Herkunft und Bereitungsweise des Orlean (Annatto), die Anwendung desselben in seiner tropischen Heimath statt des Salzes als Würze der Speisen und seine Wirkung als Präservirungsmittel bei Butter und Käse vergl. P. Vieth, Milchzeit. XIII. (1884) p. 133.

Zum Nachweis des Orlean-Farbstoffes erwärmt man nach J. König („Die menschl. Nahrungs- und Genussmittel" p. 285) die Butter mit ihrem doppelten Gewicht Wasser, schüttelt kräftig durch und versetzt das wässerige Filtrat mit concentrirter Schwefelsäure; die Flüssigkeit färbt sich blau und scheidet auf Zusatz von Wasser schmutziggrüne Flocken ab. — Andere, zum Färben der Butter benutzte Farbstoffe sind die der Curcumawurzel, des Safflors, der Ringelblumen und in neuerer Zeit das Victoriagelb (Dinitrokressolnatrium). [Anm. d. Uebers.]

Die unter der Bezeichnung Orantia in den Handel gebrachte Butterfarbe ist nach Schmitt (Rép.Pharm. durch Pharm. Centr. H. 24, 343 u. Techn.-chem. Jahrb. 5, 416) eine Lösung des Orlean-Farbstoffes in Wasser unter Zusatz von 25 gr. trockener Soda auf 1 L. — Die „Carottine" wird durch Digestion von trockenem Orlean mit seinem vierfachen Gewicht Oel bereitet. [Anmerk. d. Uebers.]

das Product in eine Kufe mit zerstossenem Eis gebracht. Der Zweck der schnellen Abkühlung des Fettes ist, das Körnigwerden desselben zu verhindern und den Artikel von einer zarten Beschaffenheit herzustellen, ähnlich derjenigen, welche für die Butter charakteristisch ist. Nachdem das Eis geschmolzen und das anhängende Wasser entfernt ist, wird die Masse nochmals mit saurer Milch aufgebuttert und mit 4—6 Procent Salz versetzt; alsdann wird das Product in Fässchen verpackt und zum Verkauf fertig gemacht. Das abgepresste Oel wird auch zum Theil für sich nach Europa exportirt, wo es als Zusatz zu ächter Butter oder zur Bereitung von sogen. „Butterin" nach der amerikanischen Methode benutzt wird.*)

Das in England übliche Verfahren unterscheidet sich von dem oben beschriebenen in einem wesentlichen Umstande: Der Rindertalg, welcher von allen irgendwie missfarbigen Stücken befreit wurde, wird auf 48—49° erhitzt. Man gewinnt auf diese Weise ein klares Fett von mildem Geschmack, welches darauf mit einer bestimmten Menge eines rein vegetabilischen Oels, wie Nuss- oder Olivenöl gemischt wird. Das Gemisch, welches bei einer niedrigeren Temperatur, als das Butterfett schmilzt, wird schnell abgekühlt, um dem Körnigwerden möglichst vorzubeugen; sodan wird es mit frischer Milch aufgebuttert, gesalzen, in Fässchen verpackt und unter dem Namen „Butterin" in den Handel gebracht.

---

*) Ein ganz ähnliches Verfahren wird nach Herter (Milchzeit 12, 196 u. Techn.-chem. Jahrb. 5, 417) in der Rengert'schen Talgschmelze auf dem neuen Berliner Viehhof bei der Bereitung von sogen. „Margarin" befolgt, welches eine fast farblose, sehr reine Masse von butterähnlicher Consistenz und ohne jeden üblen Beigeschmack bildet. Es wird besonders nach Holland und Oesterreich exportirt, dort mit Milch durchgebuttert, gefärbt, gesalzen und überall hin als „Kunst- oder Sparbutter" zum Preise von 70 Pf. per Pfund verkauft.

[Anm. d. Uebers.]

Ein derartiges Präparat bildet, wenn es nur aus völlig gutem Fett bereitet ist, ein ganz brauchbares Nahrungsmittel, besonders da, wo ein wohlfeiler Ersatz für Butter verlangt wird, wie es bei der ärmeren Klasse der Bevölkerung der Fall ist, bei welcher eine wirklich gute, frische Butter meist als eine Art von Luxusartikel betrachtet wird. Abgesehen indessen von der Verschiedenheit im Geschmack bleibt es noch zweifelhaft, ob von dem Butterin behauptet werden kann, dass es vollständig die Stelle der Butter als Nahrungsmittel zu ersetzen vermag. Wenn die sehr complicirte und eigenartige Constitution der Butter in Betracht gezogen wird, und wenn man erwägt, dass das Butterfett aus der Milch stammt und also naturgemäss dem Fette der Milch am ähnlichsten ist, welche doch wenigstens für eine Zeit lang die Hauptnahrung des Kindes bildet, so ist es wahrscheinlich, dass die Butter eine specifischere Stelle in dem Systeme der Ernährung einnimmt, als die gewöhnlichen Fette. Wenn das Butterin unter seinem wirklichen Namen feil gehalten wird, so kann gegen seinen Verkauf kein Einwand erhoben werden; wenn es dagegen als „Butter" für sich oder in Vermischung mit derselben verkauft wird, so wird der Verschleiss eines derartigen unächten Artikels zum offenbaren Betrug.

Zur Entdeckung fremder Fette werden mit Vortheil die Unterschiede benutzt, welche sich zwischen dem Butterfette und den gewöhnlichen thierischen oder vegetabilischen Fetten in dem specifischen Gewicht, in ihrem Gehalt an löslichen und unlöslichen Fettsäuren und in ihrem Schmelzpunkte zeigen. Die specifische Gewichtsprobe ist nach ausgedehnten Versuchen als vollkommen zuverlässig befunden worden; denn es wurde dabei von uns kein Object ächter oder verfälschter Butter angetroffen, bei welcher die Natur des Fettes nicht ebenso genau durch das specifische Gewicht, wie durch die Bestimmung der Fettsäuren angezeigt wurde. Obgleich es wohl bekannt ist, dass die Fette bei starkem Erhitzen an Dichtigkeit zunehmen, so ist es doch augenscheinlich, — wenn die niedere Temperatur in Betracht gezogen wird, bei welcher die zum Vermischen mit Butter bestimmten Fette bereitet werden und welche zur Bewahrung eines angenehmen Geschmackes wesentlich zu sein scheint, — dass bei der Darstellung der Kunstbutter keine so erhebliche Zunahme des specifischen Gewichts der fremden Fette stattfinden würde, dass dieselbe der Prüfungsmethode erheblichen Eintrag thun könnte. Der durch das specifische Gewicht der Fettes gelieferte Anhalt kann durch die Bestimmung der Fettsäuren nach der, unter der Ueberschrift „Untersuchung" beschriebenen Methode bestätigt werden. Falls man es nicht für nöthig hält, sowohl die löslichen, wie die unlöslichen Fettsäuren zu bestimmen, ist die Bestimmung der ersteren vorzuziehen, weil dabei die Resultate mit grösserer Genauigkeit und Schnelligkeit erlangt werden können, während bei der Bestimmung der unlöslichen Fettsäuren schon durch das Trocknen eine gewisse Unsicherheit und ein Zeitverlust entsteht.

Im Laufe der Untersuchung über die Schwankungen in der Zusammensetzung der Butter haben wir eine grosse Anzahl ächter Proben analysirt, welche mit besonderer Sorgfalt ausgewählt wurden, um möglichst gute Repräsentanten von Butter zu erhalten, welche unter verschiedenartigen Bedingungen gewonnen war; die Resultate sind in der folgenden Tabelle zusammengestellt:

Tabelle I — Analysen von ächten Butterproben.

Nr.	Procentgehalt an			Butterfett		
	Wasser	Salz	Casein	Butter-Fett	Spec. Gew. bei 100° F. (37.7° C.)	Schmelzpunkt ° C.	Procentgehalt an unlöslichen Fettsäuren

Nr.	Wasser	Salz	Casein	Butter-Fett	Spec. Gew. bei 100° F.	Schmelzpunkt ° C.	Procentgehalt an unlöslichen Fettsäuren
1	11.67	2.20	0.86	85.27	812.28	30.8	87.20
2	4.91	1.54	0.43	93.12	912.08	31.6	87.42
3	11.83	1.14	0.80	86.23	912.69	31.6	86.60
4	17.03	2.25	0.86	79.86	912.28	31.0	87.30
5	14.41	3.10	0.64	81.85	912.39	31.6	86.87
6	20.75	3.82	0.61	74.82	911.58	33.3	87.80
7	14.26	3.82	0.22	81.70	912.89	31.4	86.45
8	9.11	8.28	0.40	82.21	912.79	31.4	86.00
9	11.52	3.92	0.41	84.51	913.89	30.8	85.50
10	15.52	4.08	1.54	78.86	911.78	31.6	87.40
11	16.42	2.80	1.60	79.18	912.23	31.1	86.87
12	13.62	3.00	0.60	82.78	910.78	32.2	88.00
13	18.64	2.68	0.79	77.89	910.50	33.9	88.60
14	13.55	2.49	0.80	83.16	910.93	33.3	88.35
15	13.63	0.44	0.62	85.31	911.06	31.9	87.72
16	16.46	1.13	1.12	81.29	910.19	33.6	88.75
17	13.57	0.65	0.84	84.94	911.40	31.6	87.50
18	14.98	0.68	0.68	83.66	909.87	33.6	89.15
19	11.41	3.03	0.70	84.86	912.39	33.3	87.01
20	13.79	2.96	1.26	81.99	910.62	33.9	88.32
21	11.36	4.97	1.04	82.63	911.06	33.9	88.42
22	16.24	9.20	0.40	74.16	911.34	33.9	88.12
23	11.59	1.49	0.44	86.48	912.06	32.5	86.96
24	12.52	2.12	0.79	84.57	911.46	32.5	87.35
25	12.57	1.58	0.89	84.96	911.48	32.5	87.65
26	11.81	8.38	3.06	76.75	912.51	31.6	86.90
27	12.08	2.39	3.74	81.79	911.60	33.3	87.74
28	12.89	3.69	3.15	80.27	912.08	32.2	86.92
29	13.08	2.33	2.72	81.87	910.60	33.3	88.29
30	11.18	1.79	5.32	81.71	911.74	33.0	87.60
31	19.12	3.93	4.02	72.93	910.94	33.6	88.40
32	15.60	6.51	0.54	77.35	910.14	33.3	88.90
33	11.81	2.85	0.70	84.64	910.85	33.3	88.62
34	13.88	3.15	0.75	82.22	911.47	32.2	87.66

Tabelle I. — Fortsetzung.

Nr.	Procentgehalt an				Butterfett		
	Wasser	Salz	Casein	Butter-Fett	Spec. Gew. bei 100° F. (37.7° C.)	Schmelzpunkt °C.	Procentgehalt an unlöslichen Fettsäuren
35	12.57	4.32	0.51	82.60	910.65	33.3	88.74
36	13.56	2.29	0.75	83.40	912.03	32.5	87.42
37	11.56	2.82	0.47	85.15	911.79	32.5	88.05
38	13.92	2.13	0.52	83.43	910.58	34.4	88.65
39	8.88	4.50	0.50	86.12	910.85	33.6	88.46
40	12.81	1.78	0.74	84.67	910.80	33.6	88.17
41	10.61	1.11	0.63	87.65	910.94	33.0	88.21
42	12.87	1.56	0.76	84.81	912.44	31.9	87.14
43	12.84	1.67	0.56	84.93	911.29	32.2	87.90
44	10.93	1.25	0.62	87.20	911.90	31.6	87.30
45	14.61	3.86	0.85	80.68	910.91	32.5	88.46
46	13.78	0.90	0.85	84.47	912.41	33.0	86.79
47	10.24	3.99	1.22	84.55	911.41	33.6	87.79
48	11.75	3.33	1.93	82.99	911.51	33.9	87.51
49	15.17	1.96	1.99	80.88	911.28	33.6	87.66
50	14.37	3.21	1.89	80.53	909.37	34.7	89.90
51	14.50	1.44	1.61	82.45	909.39	35.0	89.80
52	4.15	—	—	—	913.49	30.0	—
53	6.80	3.27	0.80	89.13	913.09	31.1	—
54	15.50	2.10	1.70	80.70	913.09	31.1	—
55	11.40	0.76	0.77	87.07	912.28	32.2	—
56	11.79	3.39	0.68	84.14	913.09	31.3	—
57	14.04	1.63	1.51	82.82	911.58	31.3	—
58	10.12	2.62	0.70	86.56	912.99	31.2	—
59	12.70	0.80	0.86	85.64	912.79	30.0	—
60	11.73	2.11	0.47	85.69	912.99	31.6	—
61	13.22	1.34	0.68	84.76	912.69	31.0	—
62	16.99	2.65	1.36	79.00	912.39	31.5	—
63	12.26	4.52	0.94	82.28	912.89	30.8	—
64	11.92	4.22	1.52	82.34	912.39	30.8	—
65	12.96	3.80	0.36	82.88	912.99	31.1	—
66	9.72	2.82	0.28	87.18	911.98	31.1	—
67	8.18	3.14	0.92	87.76	912.69	30.5	—
68	12.84	2.78	0.98	83.40	912.69	30.8	—

Tabelle I. — *Fortsetzung.*

Nr.	Procentgehalt an			Butterfett		
	Wasser	Salz	Casein	Butter-Fett	Spec. Gew. bei 100° F. (37.7° C)	Schmelzpunkt ° C.	Procentgehalt an unlöslichen Fettsäuren

Nr.	Wasser	Salz	Casein	Butter-Fett	Spec. Gew. bei 100° F. (37.7° C)	Schmelzpunkt ° C.	Procentgehalt an unlöslichen Fettsäuren
69	16.85	2.77	0.11	80.27	911.88	31.0	—
70	16.37	3.22	0.56	79.85	911.88	30.8	—
71	17.06	2.13	0.88	79.93	911.98	30.7	—
72	18.37	1.63	0.39	79.61	912.08	30.7	—
73	13.24	1.25	0.40	85.11	912.18	30.8	—
74	12.22	0.61	0.34	86.83	911.38	31.8	—
75	13.02	0.72	0.61	85.65	911.28	32.3	—
76	11.74	1.32	0.42	86.52	911.68	32.2	—
77	8.72	0.58	0.70	90.00	912.18	31.4	—
78	9.55	4.17	0.24	86.04	911.98	31.5	—
79	9.60	6.45	0.82	83.13	912.28	31.6	—
80	14.36	2.66	1.46	81.52	912.99	31.4	—
81	17.56	2.98	1.14	78.32	912.39	31.6	—
82	17.18	3.00	1.24	78.58	912.99	31.4	—
83	18.72	2.24	1.36	77.68	912.39	31.6	—
84	13.14	5.74	2.96	78.16	913.97	31.1	—
85	19.40	3.70	0.56	76.34	912.96	31.6	—
86	13.70	2.30	1.86	82.14	912.28	32.2	—
87	15.94	2.40	2.68	78.98	911.06	33.0	—
88	18.52	4.84	2.16	74.48	911.91	32.5	—
89	14.90	6.04	1.50	77.56	911.88	32.5	—
90	14.98	3.74	1.14	80.14	910.97	33.0	—
91	11.71	3.04	0.76	84.49	913.14	31.4	—
92	13.51	2.90	0.70	82.89	913.09	31.4	—
93	17.60	2.60	0.98	78.82	910.63	33.9	—
94	14.60	—	—	—	912.23	31.6	—
95	15.34	0.40	0.69	83.57	910.62	32.7	—
96	14.64	0.46	0.82	84.08	910.41	33.0	—
97	10.43	2.46	0.57	86.54	911.48	31.6	—
98	11.05	7.71	0.44	80.80	910.73	33.9	—
99	13.21	1.74	0.56	84.49	911.79	32.5	—
100	11.99	2.23	0.99	84.79	911.82	31.6	—
101	13.39	6.68	1.62	78.31	910.42	33.6	—
102	13.59	15.08	1.36	69.97	909.47	34.1	—

Tabelle I. — Fortsetzung.

Nr.	Procentgehalt an			Butterfett			
	Wasser	Salz	Casein	Butter-Fett	Spec. Gew. bei 100° F. (37.7° C.)	Schmelzpunkt °C.	Procentgehalt an unlöslichen Fettsäuren
103	13.50	2.58	0.55	83.37	911.04	33.0	—
104	14.55	5.86	1.31	78.28	910.30	33.9	—
105	12.43	3.55	0.55	83.47	910.70	33.3	—
106	14.34	3.31	0.78	81.57	911.88	32.5	—
107	12.55	2.22	1.35	83.88	912.20	33.0	—
108	13.11	1.66	0.46	84.77	911.78	33.0	—
109	12.79	1.03	0.66	85 52	910.11	33.9	—
110	12.36	3.24	0.87	83.53	910.11	33.9	—
111	11.02	1.89	0.87	86.22	911.76	32.7	—
112	14.12	2.28	1.06	82.54	912.80	32.2	—
113	15.70	1.54	1.49	81.27	911.78	33.3	—

Es ist ersichtlich, dass der Gehalt an festen Fettsäuren nur ungefähr in der Hälfte der Proben bestimmt wurde; diese Zahl ist indessen genügend, um den Zusammenhang zwischen dem Gehalt des Fettes an diesen Säuren und seinem specifischen Gewicht zu zeigen, und die Möglichkeit zu erweisen, dass man das eine Resultat bis auf wenige Zehntel Procent genau aus dem anderen voraussagen kann.

Bemerkenswerth ist bei diesen Resultaten der Umstand, dass, während einige Butterproben von sehr geringer und wenige von ausnehmend guter Qualität waren, die Mehrzahl derselben von merkwürdiger Gleichförmigkeit in der Zusammensetzung befunden wurde. Einige der geringsten Sorten waren in kleineren Landwirthschaften producirt und zu einer Zeit bezogen, als das Futter gerade knapp war. Im Laufe der Untersuchung wurde auch die Beobachtung gemacht, dass die Butter verhältnissmässig ärmer an ihren wesentlichen Bestandtheilen ist, wenn die Nahrung der Kühe hauptsächlich aus Baumwollensaamen- oder Oelkuchen besteht, als wenn Wurzeln und Gras ihr ständiges Futter bilden.

Die grossen Schwankungen im Wassergehalt bei den verschiedenen Buttersorten sind auch bei den, in der vorstehenden Tabelle verzeichneten Untersuchungsresultaten bemerkenswerth; auffallend ist dabei, dass die Dewon- und Dorset-Buttersorten, welche in der Regel auf dem Markte sehr hoch im Preise stehen, fast immer eine grössere Menge, nämlich $13.22-18.72^0/_0$, Wasser enthalten. Die Butter Nr. 62, welche von der Farm eines Privatmannes in Cornwallis beschafft war, enthielt $16.99^0/_0$, und eine zweite Probe aus derselben Quelle $15.70^0/_0$ Wasser; hieraus ist zu ersehen, dass die grosse Menge Wasser eher auf die Art und Weise der Bereitung zu schieben ist, als auf den Versuch, die Butter absichtlich mit einer übermässigen Portion Wasser zu beladen.

Der eben erwähnte Gehalt an Wasser ist ohne Zweifel unnöthig hoch und kann sehr leicht die Haltbarkeit der Butter beeinträchtigen; wenn aber derartige Mengen auch bei gut bereiteter Butter aus Privat-Meiereien gefunden werden, so dürfte schwerlich zu behaupten sein, dass ähnlich hohe Quantitäten, wenn sich dieselben in einer Handelsbutter finden, auf eine vorsätzliche Verfälschung derselben mit Wasser hinauslaufen.

Die nachstehende Tabelle, in welcher das Verhältniss der unlöslichen und löslichen Fettsäuren angegeben ist, stellt auch nahezu die äussersten Schwankungen dar, welche hinsichtlich dieser Säuren bei der Butter vorkommen und welche mit einiger Wahrscheinlichkeit noch bei ächter Butter gefunden werden können. Der Gehalt an löslichen Fettsäuren scheint im Durchschnitt zwischen 5 und $6^0/_0$ zu liegen; jedoch sinkt derselbe nicht selten unter $4.5^0/_0$, und ebenso steigt der Gehalt an unlöslichen Fettsäuren mitunter bis $89^0/_0$. In mangelhaft zubereiteter oder längere Zeit aufbewahrter Butter kann die Menge der löslichen Säuren einige Zehntel unterhalb $4.5^0/_0$ und die der unlöslichen höher, als $89^0/_0$ gefunden werden, wie aus den Beispielen Nr. 50 und 51 auf Tabelle I ersichtlich ist.*)

Tabelle II. — Analysen von zehn Butterproben, welche die gewöhnlich vorkommenden Schwankungen in der Zusammensetzung des Butterfettes veranschaulichen:

Nr.	Procentgehalt an				Butterfett			
	Wasser	Salz	Casein	Butter-Fett	Spec.Gew. bei 37.7° C. (100° F.)	Procentgehalt an unlöslichen Fettsäuren	Procentgehalt an löslichen Fettsäuren, auf Buttersäure berechnet	Schmelzpunkt nach Graden Celsius
1.	7.55	1.03	1.15	90.27	913.89	85.56	7.41	29.4
2.	11.71	3.60	0.95	83.74	911.45	88.25	5.41	32.2
3.	16.89	8.56	1.23	73.32	911.48	88.82	4.64	31.9
4.	16.28	3.32	1 56	78.84	912.79	86.00	7.00	31.4
5.	11.42	1.29	1.12	86.17	910.47	88.53	4.84	32.2
6.	12.55	0.89	0.74	85.82	910.20	89.00	4.57	32.2
7.	12.96	2.43	1.25	83.36	912.51	88.25	5.45	31.6
8.	13.40	1.39	2.03	83.18	911.67	88.72	5.07	32.2
9.	12.05	0.96	1.95	85.04	911.04	87.51	5.28	31.1
10.	14.62	1.48	1.88	82.02	910.70	89.00	4.50	32.7

Folgende Tabelle zeigt das specifische Gewicht der gewöhnlicheren thierischen Fette bei 100 ° F. (37.7 ° C.), sowie

---

*) Nach Hebner (Zeitschr. f. anal. Ch. 16, 149) soll reines Butterfett 86.5—87.5, höchstens 88 Procent unlöslicher Fettsäuren ergeben; die übrigen von ihm untersuchten fremden Fette lieferten durchschnittlich 95.5 Procent. — Wie der Verfasser dieses Buches, J. Bell, fand auch Hager die obigen Zahlen zu niedrig; auch nach Kretschmar (Ber. D. Chem. Ges. 10, 2091) ist eine Butter erst dann als verfälscht zu betrachten, wenn der Gehalt derselben an unlöslichen Fettsäuren 90 Procent überschreitet; im Mittel erhielt er 89.20—89.57 Procent. — C. Jehn (Arch. d. Pharm. 1878. p. 335) fand bis zu 88.8 Procent und beim Zusammenschmelzen der Fettsäuren

auch den Procentgehalt eines jeden derselben an unlöslichen Fettsäuren:

Tabelle III. — Analysen von verschiedenen thierischen Fetten.

Art des Fettes	Specifisches Gewicht bei 100⁰ F. (37,7⁰ C.)	Procentgehalt an unlöslichen Fettsäuren
Hammeltalg	902.83	95.56
Rindstalg	903.72	95.91
Gutes Schmalz	903.84	96.20
Ausgelassenes, käufliches Bratenschmalz	904.56	94.67
Aechter ausgelassener Hammelbratentalg	903.97	95.48

Es ist zu ersehen, dass das specifische Gewicht obiger Proben bei den gewöhnlichen animalischen Fetten von 902.83—903.84 schwankt, während das des Butterfettes, wie Tabelle I u. II ergiebt, selten unter 910 fällt; für gewöhnlich stellt es sich auf 911—913. Es zeigt sich also ein *wesentlicher* Unterschied in den specifischen Gewichten, sowie auch in dem Gehalt an festen Fettsäuren zwischen den gewöhnlichen thierischen Fetten und dem Butterfett, und es sind die diesbezüglichen Unterschiede nicht allein bei der Prüfung der Butter auf Reinheit zu verwerthen, sondern auch um den Antheil des etwa vorhandenen fremden Fettes

---

mit Wachs (nach Dietzsch' Vorschlag) bis 89.8 Procent; er hält daher den Kretzschmar'schen Vorschlag von 90 Procent für nicht unberechtigt. — Im Allgemeinen werden jetzt 89.5—90 Procent unlöslicher Fettsäuren als Maximal-Ausbeute bei gutem Butterfett angesehen.

Nach den Untersuchungen von Heintz (Zeitschr. f. anal. Ch. 17, 287) macht die in der Butter vorkommende und in Wasser ein wenig lösliche Laurinsäure die Hehner'sche Methode etwas ungenau.
[Anm. d. Uebers.]

zu bestimmen. Die beiden Proben Bratenfett zeigten ein etwas höheres specifisches Gewicht, als die gewöhnlichen animalischen Fette, was ohne Zweifel bei der ächten Probe auf die Einwirkung der Hitze auf das Fleisch während des Bratens und bei der Handelsprobe wahrscheinlich zum Theil auf die gleichzeitige Anwendung von Butter bei diesem Process zurückzuführen ist.

Die folgende Tabelle giebt die Resultate der Untersuchung von fünf Proben Oleomargarin oder Butterin des Handels, welche sämmtlich als ächte Butter verkauft wurden:

Tabelle IV. — Analyse einiger Proben von Oleomargarin-Butter oder Butterin.

Procentgehalt an				Fett			
Wasser	Salz	Casein	Fett	Specif. Gewicht bei 100⁰ F. (37,7⁰ C.)	Procentgehalt an nichtlöslichen Fettsäuren	Procentgehalt an löslichen Fettsäuren	Schmelzpunkt
14.30	3.81	0.48	81.41	903.84	94.34	—	27.7°C.
11.21	1.70	1.73	85.36	902.34	93.83	0.66	25.5
12.33	4.00	1.09	82.58	903.15	95.04	0.47	26.1
5.32	1.09	0.67	92.92	903.79	96.29	0.23	27.2
13.21	3.99	1.07	81.73	901.36	95.60	0.16	25.5

Diese Proben unächter Butter waren sämmtlich gut zubereitet und im Ansehen nicht von gewöhnlicher Butter zu unterscheiden. Der wahre Character dieser Substanzen wird indessen durch die Resultate der Untersuchung bald aufgedeckt, da das specifische Gewicht des Fettes und sein Gehalt an festen Fettsäuren fast in jedem einzelnen Falle mit den entsprechenden Ergebnissen der Untersuchung eines gewöhnlichen thierischen Fettes übereinstimmen, wie dieselben in Tabelle III aufgezeichnet sind. —

Durch Vergleichung der analytischen Belege der Untersuchung eines verdächtigen Präparates mit denen von zweifellos ächter Butter und denen der gewöhnlichen Thier- und Pflanzenfette kann man auf den eventuellen Zusatz fremder Fette zu dem Untersuchungsobject schliessen und den Gehalt an denselben folgendermassen berechnen:

   Das specifische Gewicht der Probe betrage 906.6
   Der Procentgehalt an löslichen Säuren „ 2.3
   „   „ unlöslichen „ „ 92.4

Wenn man damit die bei der Untersuchung eines ächten Butterfettes gewonnenen Daten vergleicht, und zwar eines solchen, welches verhältnissmässig niedrige Resultate giebt, z. B.

   Specifisches Gewicht 910.20
   Procentgehalt an löslichen Säuren . . . 4.60
   „   „ unlöslichen 89.00

und sodann die eines gewöhnlichen Fettes, z. B.

   Specifisches Gewicht 903.00
   Procentgehalt an unlöslichen Fettsäuren im
      Durchschnitt 96.00,

so stellt sich die Rechnung folgendermassen:

   nach dem specifischen Gewicht
   $(910.2 - 903) : (910.2 - 906.6) = 100 : X \quad X = 50\%$;
   und nach den unlöslichen Fettsäuren
   $4.6 : 2.3 = 100 : X \quad X = 50\%$ zugesetzten Fettes.

Wenn man aus den analytischen Resultaten einen Schluss auf die Güte der Butter ziehen will, so ist auch die Beschaffenheit der Probe während der Zeit der Untersuchung zu beachten. Wenn die Butter in kleineren Quantitäten in gläsernen oder irdenen Gefässen aufbewahrt wird, so unterliegt sie mehr oder minder einer Verschlechterung. Während dabei die besten und am sorgfältigsten zubereiteten Sorten sich wenig oder gar nicht verändern, verschwinden bei anderen allmählich die characteristischen Eigenschaften der Butter, und sie nehmen mehr und mehr die Beschaffenheit eines gewöhnlichen thierischen Fettes an. Diese Umwandlung, welche die Folge einer beginnenden Gährung zu sein scheint und in der Regel von der Entwickelung von Schimmelpilzen begleitet ist, wird wahrscheinlich entweder durch die Anwendung einer sauer gewordenen Sahne oder durch Mangel an Sorgfalt bei Bereitung der Butter veranlasst.

Die nachstehende Tabelle zeigt den Grad der Verschlechterung, welcher verschiedene Proben Butter in den bezüglichen Zeiträumen unterworfen gewesen sind:

Tabelle V. — Untersuchung von Butterproben vor und nach der Aufbewahrung.

No.	Frische Butter		Dauer der Aufbewahrung	Nach der Aufbewahrung	
	Spec. Gew. bei 100° F. (37,7° C.)	Procentgehalt an unlöslichen Fettsäuren		Spec. Gew. bei 100° F. (37,7° C.)	Procentgehalt an unlöslichen Fettsäuren
1.	912.28	87.30	12 Wochen	910.74	88.97
2.	911.58	87.80	7 „	909.19	90.00
3.	913.89	85.50	7 „	913.57	85.72
4.	911.78	87.40	6 „	911.00	87.97
5.	911.06	87.72	8 „	910.61	88.40
6.	901.48	87.65	6 „	911.33	88.00
7.	912.39	—	12 „	911.28	—
8.	912.18	—	12 „	910.39	—
9.	912.28	—	12 „	911.24	—
10.	913.97	—	16 „	913.92	—
11.	910.19	—	8 „	908.15	—
12.	910.62	—	8 „	910.13	—
13.	911.04	—	6 „	910.75	—
14.	911.40	—	8 „	911.00	—
15.	910.70	—	5 „	910.57	—

Schliesslich sei noch ein natürliches Fett, das *Cocosnussöl*, erwähnt, welches zwar wegen seines Geschmackes nicht leicht als Verfälschungsmittel der Butter angewandt werden dürfte, dessen Gegenwart indessen nicht in befriedigender Weise nachgewiesen werden kann, weder durch die Bestimmung des specifischen Gewichts, noch durch die der unlöslichen Fettsäuren, da es in beiden Fällen nahezu dieselben Resultate, wie das Butterfett giebt. Dieses Oel liefert auch nahezu dieselbe Gesammtmenge an löslichen Säuren, wie das Butterfett, doch unterscheidet es sich von demselben in ausgesprochener Weise durch das Verhältniss, in welchem diese Säuren zu einander stehen.

Während in der Butter die Buttersäure erheblich vorherrscht, finden sich im Cocosnussöl aus dieser Gruppe hauptsächlich Capron- und Caprinsäure. Dieselben, besonders die Letzere, sind in Wasser nicht so leicht löslich, wie die Buttersäure, und wenn diese in relativ geringer Menge vorhanden ist, so würden jene bei der gewöhnlichen Methode der Butteruntersuchung nicht leicht durch Auswaschen von den unlöslichen Säuren getrennt werden, so dass die Menge der löslichen Säuren, auf Buttersäure berechnet, sich nur etwa zu ein Viertel des Procentgehaltes ergeben würde, der sonst durchschnittlich im Butterfett gefunden wird. Die Bestimmung der löslichen Fettsäuren kann also in Fällen, wo die Gegenwart von Cocosnussöl geargwohnt wird, einen werthvollen Anhalt abgeben.

Da das Cocosnussöl den sehr niedrigen Schmelzpunkt von $27{,}7\,°$ C. besitzt, so würde ein irgendwie erheblicher Zusatz desselben zur Butter den Schmelzpunkt des Gemisches bedeutend herabdrücken und dadurch einen weiteren augenscheinlichen Beweis für seine Gegenwart liefern.

Wenn 50 Theile Butterfett von $32{.}7\,°$ Schmelzpunkt mit der gleichen Menge Cocosnussöl von $22{.}7\,°$ Schmelzpunkt versetzt werden, so schmilzt das Gemisch bei einer Temperatur, die zwischen den Schmelzpunkten der beiden Fettarten liegt und niedriger, als der des ächten Butterfettes ist. Allerdings kann der Schmelzpunkt durch Zusatz eines festeren Fettes zu dem Gemische wieder erhöht werden, doch ist einleuchtend, dass ein derartiges Verfahren gänzlich seinen Zweck verfehlen würde, da der Gehalt des Präparates an löslichen Säuren noch weiter herabgedrückt werden würde.

Da Fälle vorkommen können, wo der Schmelzpunkt von grosser Wichtigkeit ist, so ist seine Bestimmung bei der Untersuchung einer für Butter ausgegebenen Substanz niemals zu vernachlässigen. Die Methode, welche wir bei der Bestimmung des Schmelzpunktes befolgt haben, ist auf Seite 81 beschrieben worden.

Salz. — Der Salzgehalt der Butter steigt nach der obigen Tabelle bis zu 15%. Wenn man diese Quantität jedoch als eine aussergewöhnliche unberücksichtigt lässt, so bemerkt man, dass mehre Sorten ungefähr 9% Salz enthalten. Es will daher scheinen, dass dem allgemeinen Geschmacke nach gegen einen Gehalt von 8—9% Nichts einzuwenden ist; und da die Consumenten der Butter bald herausfinden, wenn die Menge des Salzes ausnehmend gross ist, so kann danach der Grad der Beimischung von ihnen selbst leicht regulirt werden.

Die Anwesenheit von Mehl oder stärkeartigen Substanzen in der Butter kann leicht durch das Microscop entdeckt werden; der Zusatz irgend einer Mineralsubstanz, wie z. B. Speckstein, den man angeblich in der Butter gefunden haben will, würde mit unfehlbarer Sicherheit in dem festen nicht-fettartigen Antheile der Butter, welcher nach dem Auswaschen des Salzes und dem Einäschern des Rückstandes zurückbleibt, erkannt werden.

Es ist sehr unwahrscheinlich, dass eine so plumpe Methode der Verfälschung jetzt noch angewandt werden könne, besonders seit ein so täuschendes und billiges Substitut für die Butter, wie das Butterin existirt, welches auch Jedem, der auf wirkliche Verfälschung ausgeht, leicht zugänglich ist.

Mikroskopische Prüfung.

Früher fand man bei der mikroskopischen Untersuchung des Fettes, welches zur Bereitung der Kunstbutter verwandt worden war, immer, dass dasselbe ausnahmslos krystallinische Structur besass, gleichviel, ob es für sich oder im Gemische mit ächter Butter vorlag; es konnten häufig durch das Mikroskop Krystalle erkannt und auf diese Weise die Vermuthung der Gegenwart eines fremden Fettes durch den

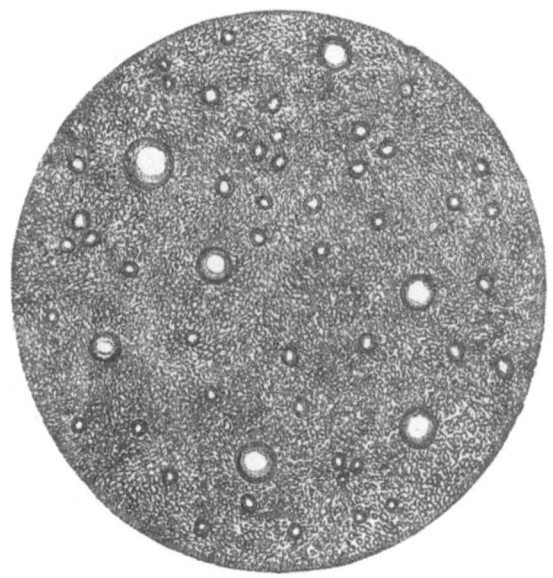

Fig. 2. — *Oleomargarin*. — *350fache Linearvergrösserung*.

Augenschein bestätigt werden. Jetzt wird indessen das Fett in der Regel durch künstliche Abkühlung so schnell zum Erstarren gebracht, dass die Krystallisation desselben gänzlich verhindert wird und das Präparat alsdann ganz die schön gleichmässige Structur der ächten Butter besitzt.

Die vorstehende Zeichnung stellt das Butterin unter dem Mikroskop dar. Die Fettkügelchen sind ungleichmässiger in der Grösse und nicht so scharf abgegränzt, als bei der ächten Butter; auch finden sich unter denselben mehr grössere Kugeln, als beim Butterfett. Wenn man jedoch Fig. 1 auf Seite 73 mit der vorstehenden Abbildung vergleicht, so sieht man, dass der Unterschied in der mikroskopischen Erscheinung bei beiden verhältnissmässig nur gering ist und dass auf dieselbe kein zuverlässiger Schluss hinsichtlich einer Verfälschung begründet werden kann.*)

---

*) Mylius (Corresp. Bl. d. Ver. anal. Chem. 1878, Nr. 8) fand, dass reine Butter unter dem Polarisationsmikroskop bei gekreuzten Nicols ein dunkles, bei Vorhandensein fremden Fettes ein helles Gesichtsfeld gab.

Ueber das Vorkommen sternförmiger Krystalle im Oleomargarin, welche in der Butter fehlen, und ihre Erkennung im polarisirten Licht, sowie durch ihr Verhalten gegen Schwefelsäure s. auch Taylor, L'Industrie laitière. 1881. 370; Milchzeit. 1882. 27 u. Pharm. Centr. H. 1882. 22. [Anm. d. Uebers.]

KÄSE.

Abstammung. Die Hauptmenge des Käses wird aus der vollen Milch gewonnen; zu einigen Sorten jedoch wird auch ganz oder zum Theil entrahmte Milch angewandt; dagegen wird zu einigen besonders guten Sorten die volle Milch noch durch Zusatz von Sahne angereichert. Die Güte des Käses hängt von dem Reichthum der benutzten Milch an Fett ab; sein Geschmack wird indessen, ganz wie bei der Butter, sehr von der Ernährungsweise des die Milch liefernden Thieres, sowie von dem besonderen, bei der Bereitung üblichen Modus beeinflusst.

In England und Amerika wird zur Käsebereitung nur Kuhmilch benutzt; auf dem Continente jedoch wird auch die der Schafe und Ziegen dazu angewandt; auch versetzt man daselbst den Käse, — ausserdem, dass er, wie in England gefärbt und gesalzen wird — mitunter noch mit verschiedenen Kräutern und Gewürzen.

Beschreibung. — Das Gerinnen des Caseins der Milch wird durch Lab bewirkt, welches zur Erlangung befriedigender Resultate mit grosser Sorgfalt zubereitet werden muss. Die Zeit des Gerinnens hängt theils von der Temperatur der Milch, theils von der Güte und der Menge des angewandten Labs ab. Die geeignetste Temperatur zum Aufstellen der Milch behufs des Gewinnens ist 26—27°; doch schwankt dieselbe um einige Grade höher oder niedriger, je nachdem kalte oder warme Witterung herrscht. Die Bedingungen werden gewöhnlich in der Art regulirt, dass das Gerinnen in 40—60 Minuten vollendet ist. Werden diese Gränzen nach einer von beiden Richtungen hin überschritten, so wird der Käse entweder zähe und hart oder zu weich, und ist dann schwer ohne Verlust von den Molken zu trennen.

Die meisten Käsefabrikanten pflegen künstliche Färbemittel, z. B. Orlean*), anzuwenden; derselbe wird in der Regel gleichzeitig mit dem Lab zugesetzt; sodann rührt man die Milch gut durch, damit das Coagulum eine gleichmässige Farbe annehme und sich vor vollendetem Gerinnen an der Oberfläche kein Rahm abscheide.

Nachdem die Coagulation der Milch beendet ist, wird der Quark mittelst eines Messers sorgfältig in kleine Stücke geschnitten oder mittelst eines besonderen Instrumentes niedergebrochen, welches aus einem messingenen Drahtnetz oder aus Bändern von verzinntem Blech hergestellt ist. Diese Operation des Brechens muss mit der grössten Sorgfalt ausgeführt werden, um das Zerquetschen des Käses zu vermeiden, wodurch das in dem Gerinnsel eingeschlossene Fett zum Theil in die Molken übergehen könnte. Nachdem der Käsestoff in kleine Stücke getheilt und sorgfältig durchgerührt ist, wird die Masse absetzen gelassen und die Molke sodann abgegossen oder abgehebert. Mitunter benutzt man dazu ein Käsesieb mit falschem Boden, welcher mit einem groben Tuche belegt ist, durch welches die Molke abfliesst, während der Käsestoff auf dem Tuche zurückbleibt.

Derselbe wird sodann zu einem Klumpen zusammengehäuft, mit einem Tuche bedeckt, um die Wärme von aussen abzuhalten und ungefähr eine Stunde lang stehen gelassen, damit er bis zu einem gewissen Grade sauer wird,

---

*) Ueber Orlean vergl. Anm. d. Uebers. p. 85.
Das Grünfärben gewisser Käsesorten erfolgt meist durch Salbeiblätter oder ähnliche Vegetabilien. [Anm. d. Uebers.]

was dazu dient, das Casein erhärten zu machen und die Abtrennung der Molke zu befördern.

In manchen Fällen wird das Säuern des Käses vor seiner Abscheidung von der Molke bewirkt, indem man die ganze Masse auf 36—37° erhitzt und sie kurze Zeit stehen lässt; in anderen Fällen wird die erforderliche Säure dadurch hervorgerufen, dass man gleichzeitig mit dem Lab auf je 100 Gallonen**) Milch etwa zwei Quart saurer Molken zusetzt.

Es giebt auch einen sogenannten „Süss-Käseprocess", bei welchem der Käsestoff noch in völlig ungesäuertem Zustande in die Presskufen gebracht und ihm weder saure Milch zugesetzt, noch auf andere Weise saure Beschaffenheit vorher darin erzeugt wird; da aber die Masse nicht gesalzen wird und sonst Nichts vorhanden ist, was der Gährung Einhalt thun könnte, so wird die nöthige Säuremenge schon in der kurzen Zeit, während welcher der Käse sich in der Presse befindet, gebildet. — Das ältere Verfahren, um den Quark zum Einbringen in die Fässer vorzubereiten, bestand darin, ihn wiederholentlich mit den Fingern zu bearbeiten, bis er zu kleinen Stücken zertheilt war; um die starke, damit verbundene Handarbeit zu umgehen, hat man jedoch sogen. Käsemühlen eingeführt, und sind dieselben in den englischen Käsefactoreien jetzt allgemein im Gebrauch. Das Zerreiben des Käsestoffes ermöglicht ein gleichmässiges Einlegen in die Presskufen, es befördert das Austreten der überflüssigen Molken und erleichtert das innige Zumischen des Salzes.

Obgleich das obenbeschriebene Verfahren bei der Käsebereitung in seinen Hauptzügen fast überall befolgt wird, werden doch verschiedene Modificationen desselben in Anwendung gebracht, besonders in Gegenden, wo man eigenthümliche Käsesorten, wie z. B. Stilton-Käse, fabricirt.

**) 1 Gallon = 4 quarts = 8 pints = 4.543 L. [Anm. d. Uebers.]

Das Salzen. — Die Quantität des Salzes, welches man dem Käse zusetzt, wird im Allgemeinen durch den Gehalt der Milch an Fett bedingt; wie es scheint, bedarf ein fettreicher Käse einer kleineren Menge Salz, als ein fettarmer, um einer zu starken Gährung innerhalb der Masse vorzubeugen. Ein übermässiger Zusatz von Salz ist aber ebenfalls von ungünstigem Einfluss auf die Güte des Käses, indem er die Gährung verlangsamt und das Reifen verhindert.

Das Pressen. — Nachdem die Käsemasse zerrieben und gesalzen ist, wird sie in die Presskufen gebracht und zwei bis drei Tage lang abgepresst, während welcher Zeit die Stücke täglich ein bis zwei Mal umgewandt und die nassen Tücher durch trockene ersetzt werden.

Das Trocknen. — Aus der Presskammer wird der Käse in den Trockenraum gebracht, der auf einer möglichst gleichmässigen Temperatur von ungefähr von 21—22° erhalten werden muss, um ein mild und angenehm schmeckendes Product zu erzielen. Ein erhebliches Schwanken der Temperatur oberhalb oder unterhalb 21° ist für das Fabrikat von Nachtheil.

Der Vorgang des Reifens besteht im Wesentlichen aus einer Art Gährung; während des Verlaufes derselben verliert das Casein seine Schaalheit, und nimmt den charakteristischen Geruch und Geschmack des Käses an.

Die Bestandtheile des Käses sind ähnlich denen der Milch; nur wird während des Reifens der Milchzucker zum Theil in Milchsäure und zum Theil in Alcohol und Kohlensäure umgewandelt.

Schmarotzer. — Der Käse, und besonders die besseren Sorten, welche verhältnissmässig weich und locker sind, sind den Angriffen gewisser pflanzlicher und thierischer Organismen ausgesetzt. Sowohl der bläuliche, als der rothe

Schimmel, welche sich in dem Käse entwickeln, sind pilzartige Gewächse, der erstere wird mit dem botanischen Namen *Aspergillus glaucus*, der letztere mit *Sporendonema casei* bezeichnet. Die sogenannten „Springer" sind die Larven oder Maden einer Art Fliege, *Piophila casei*. Auch die Käsemilbe (Acarus domesticus*) ein mikroskopisches Thierchen — kommt im Käse häufig und gewöhnlich in grosser Anzahl vor.

Chemische Zusammensetzung.

Die wesentlichsten Bestandtheile des Käses sind Casein und Milchfett; ausserdem finden sich darin veränderliche Mengen von Wasser, Milchsäure und unorganischen Substanzen; unter den Letzteren etwas gewöhnliches Salz, welches bei der Bereitung zugesetzt wurde.**)

Nachstehende Tabelle enthält die Resultate der Untersuchung von zehn Sorten Käse, welche gute Repräsentanten von Handelssorten verschiedener Qualität sind:

---

*) Acarus Siro L. (A. domesticus Deg.) kommt besonders in trockenen Käsesorten vor und verwandelt sie mitunter ganz in Pulver. Als Schutzmittel werden Abwaschungen mit Salzlösung oder Alcohol empfohlen. [Anm. d. Uebers.]

**) U. Weidemann (Landw. Jahrb. 11, Heft 4 d. Forsch. auf d. Gebiet. d. Viehhalt. 1883, Heft 13, 216 u. Tech. chem. Jahrb. 5, 418) konnte im Emmenthaler Käse Cholesterin und Leucin nachweisen und erhielt durch Millon's Reagens Reaction auf Tyrosin. Als charakteristischen Bestandtheil fand Verfasser eine Substanz, die er Caseo-Glutin nennt. [Anm. d. Uebers.]

Tabelle I.
Untersuchung von zehn Sorten Käse.

Art des Käses	100 Theile enthalten					Fett in 100 Theilen trocknen Käses	Fett in 100 Theilen des Gemisches von Casein und Fett	Salz in 100 Theilen Käse	Proc. Zusammensetzung des Fettes	
	Wasser	Fett	Casein oder stickstoffhaltige Substanz	Freie Säuren, auf Milchsäure berechnet	Asche				lösliche Säuren	unlösliche Säuren
Stilton	23.57	39.13	32.55	1.24	3.51	51.19	52.50	0.67	4.42	88.96
Rother amerikanischer Käse .	28.63	38.24	29.64	—	3.49	53.57	54.12	0.72	4.26	89.06
Gelber „ „	31.55	35.93	28.83	0.27	3.42	52.49	53.34	0.82	4.81	88.49
Roquefort	32.26	34.38	27.16	1.32	4.88	50.75	54.24	3.04	4.91	88.70
Gorgonzola	31.85	34.34	27.88	1.35	4.58	50.39	53.08	2.11	4.40	89.18
Cheddar (mittlerer Qualität) .	35.60	31.57	28.16	0.45	4.22	49.02	50.49	1.43	4.55	88.75
Schweizer	33.66	30.69	30.67	0.27	4.71	46.26	47.02	0.81	4.41	88.97
Cheshire (Chester) . . .	37.11	30.68	26.93	0.86	4.42	48.78	50.84	1.69	5.55	87.76
Single Glo'ster	35.75	28.35	31.10	0.31	4.49	44.12	45.24	1.28	6.68	86.89
Holländischer	41.30	22.78	28.25	0.57	7.10	38.80	42.41	4.45	5.84	87.58

Die Proben sind in der obigen Tabelle nach der Quantität Milchfett, das sie im Originalzustande enthalten, geordnet; doch ist aus den Zahlen in Spalte 6 zu ersehen, dass die Reihenfolge derselben sich etwas ändert, wenn der Gehalt auf trockne Substanz berechnet wird, und dass die beiden amerikanischen Sorten die verhältnissmässig fettreichsten sind. Wenn man den Stilton-, Cheddar- und Chester-Käse von diesem Gesichtspunkte aus, also nach dem Verhältniss von Casein und Fett mit einander vergleicht, so ergiebt sich, dass sie hinsichtlich ihrer Güte einander sehr nahe stehen. Der Holländische Käse, welcher in der Reihe zu unterst steht, ist ein Repräsentant derjenigen Käsesorten, welche aus einer theilweise entrahmten Milch bereitet werden.

Untersuchung.

Die Methode zur Bestimmung des Fettes[*]) und Caseins im Käse ist im Wesentlichen dieselbe, wie diejenige, welche bei der Untersuchung der Milch aufgenommen und Seite 14—16 beschrieben worden ist. In Folge des Gehaltes des Käses an Milchsäure, welche zugleich mit dem Fette durch den Aether extrahirt wird, ergiebt sich jedoch die Nothwendigkeit, die Menge derselben zu ermitteln und diese von dem für Fett gefundenen Gewichte in Abzug zu bringen. Die Milchsäure kann auch vor dem Ausziehen des Fettes mit Natriumhydrat neutralisirt und auf diese Weise in Aether unlöslich gemacht werden.

Zur Bestimmung der Milchsäure werden fünf Gramm Käse in einer Platinschaale abgewogen, sorgfältig zerkleinert und wiederholentlich mit destillirtem Wasser ausgezogen, bis alle Milchsäure daraus gelöst ist. Man filtrirt durch ein

---

[*]) Bei einer genauen Analyse des Käses ist nach Fleischmann (Das Molkereiwesen. Braunschweig 1876, p. 1005) zu berücksichtigen, dass das Fett des Käses, wie das der Butter kleine Mengen Stickstoff in der Form von Lecithin enthält. [Anm. d. Uebers.]

Filter von schwedischem Papier in ein Becherglas, versetzt die saure Flüssigkeit mit $^1/_{10}$ Normal-Natronlösung bis zur Neutralisation und berechnet aus der Anzahl der verbrauchten Cubikcentimer Natronlauge die Menge der Milchsäure.

Zur Bestimmung der Mineralbestandtheile wird der Käse gleichfalls mit $^1/_{10}$ Normal-Natronlage neutralisirt und die verbrauchte Menge Natron von dem Gewicht der Asche in Abzug gebracht, ähnlich, wie bei der Untersuchung von saurer Milch auf Seite 25 beschrieben wurde.

Die löslichen und unlöslichen Fettsäuren im Käse werden nach dem Seite 77 für die Untersuchung des Butterfettes angegebenen Verfahren bestimmt.

Verfälschungen.

Der Käse war bisher auffallender Weise fast frei von Verfälschungen geblieben; ein wenig färbende Substanz war fast das einzige fremde Ingendienz, welches bei seiner Bereitung benutzt wurde. Obgleich auch diese ein ganz nutzloser Zusatz ist und ursprünglich keineswegs die Absicht vorlag, dem Käse dadurch das Ansehen einer besseren Sorte zu geben, so ist ihre Anwendung fast zur Nothwendigkeit geworden, um dem Geschmack des Publikums Rechnung zu tragen und ein äusseres Unterscheidungsmerkmal für die einzelnen Käsesorten des Handels zu haben; auch ist gegen den Gebrauch derselben kein berechtigter Einwand zu erheben, so lange keine für die Gesundheit nachtheiligen Farbstoffe angewandt werden.

Die erfolgreiche Fabrikation von künstlicher Butter aus gewöhnlichen Fetten animalischen oder vegetabilischen Ursprungs hat naturgemäss auch die Substitution derselben für ächtes Milchfett bei der Käsebereitung an die Hand gegeben und wie es den Anschein besitzt, hat sich die Herstellung von sogen. „Speckkäse" in Amerika bereits zu einem ausgedehnten Industriezweige entwickelt.*) Die Anwendung eines gewöhnlichen Fettes bei der Käsebereitung gewährt derartige Vortheile, um die abgerahmte Milch los zu werden und dieses Abfallproduct bei der Gewinnung von Butter nutzbar zu machen, dass die Darstellung von Speck- und Oleomargarinkäse voraussichtlich immer grössere Dimensionen annehmen wird. Wenn dabei ein gesundes, gut conservirtes Fett angewandt wird, wird dieser Artikel ohne Zweifel zu einem nützlichen Nahrungsmittel werden können, wo ein wohlfeiles Substitut für einen reinen Milchkäse gewünscht wird.

Zur Bereitung dieses Präparates wird die abgerahmte Milch genügend erwärmt und mit soviel Fett oder Oleomargarin versetzt, als nöthig erscheint, um das vorher entfernte Milchfett zu ersetzen. Durch anhaltendes Umrühren vertheilt man das zugesetzte Fett so fein als möglich; sodann wird Lab hinzugefügt und das gebildete Gerinnsel nach den erprobtesten Methoden der Käsebereitung weiter behandelt.

Tabelle II. — Analysen von Oleomargarin- und Speckkäse.

100 Theile des Käses enthalten					Procente Salz	100 Theile des Fettes enthalten		Schmelzpunkt des Fettes
	Wasser	Fett	Casein und freie Säuren	Asche		unlösliche Fettsäuren	lösliche Fettsäuren	
Oleomargarin	30.95	28.80	36.27	3.98	1.14	92.43	2.16	25° C.
Speckkäse ..	31.30	24.66	38.87	5.17	1.55	92.88	1.55	33.3°

---

*) In Newyork allein bestehen bereits 50 Fabriken von Kunstkäse. s. N. Gerber (Milchzeitung 1882, 114;) Dingl. pol. Journ. 247, 474 und Techn. chem. Jahrb. V, 418. [Anm. d. Uebers.]

Wir haben uns zwei Proben von amerikanischem, aus gewöhnlichem Fett bereiteten Käse verschafft, deren Untersuchungsresultate wir in vorstehender Tabelle gaben.

Im Geschmack und sonstigen Verhalten sind diese Käse dem gewöhnlichen Milchfettkäse sehr ähnlich. Durch Vergleichung der Ergebnisse der Untersuchung des Fettes dieser beiden Proben mit denen eines ächten Käses ersieht man indessen, dass bei den ersteren mit Sicherheit auf den Zusatz eines fremden Fettes geschlossen werden kann. Der niedrige Gehalt an löslichen Fettsäuren beweist, dass mehr als die Hälfte des Fettes nicht von der Milch stammte.

Da das Fett der Milch bei der Bereitung des Käses nur einer geringen oder gar keiner Veränderung unterliegt, so wird die Untersuchung desselben nach denselben Principien, wie bei dem Butterfett, ausgeführt, und es können die erhaltenen Resultate auch auf dieselben Normalzahlen bezogen werden, um zu entscheiden, ob fremdes Fett beigemischt ist oder nicht.

Von einigen Autoren werden auch Kartoffel- und andere Stärkesorten als Verfälschungsmittel des Käses angegeben; es ist jedoch keineswegs erwiesen, dass dieselben bei uns jemals zu diesem Zwecke benutzt wurden. Die Entdeckung der Stärke macht keine Schwierigkeiten, da nach dem Ausziehen des Fettes aus dem Käse durch Aether die kleinste Beimischung einer stärkeartigen Substanz in dem Rückstande auf Zusatz von etwas Jodlösung mit Hülfe des Mikroskopes erkannt werden kann.

Mitunter ist es üblich, die Käse aussen mit Venetianischem Roth anzustreichen; auch sollen Metalllösungen giftiger Art, wie Kupfer- und Bleisalzsolutionen, auf die Aussenfläche des Käses aufgetragen werden, um ihn vor den Angriffen von Parasiten zu schützen. Es ist daher bei der Prüfung des Käses auf giftige Beimischungen ein besonderes Augenmerk auf die Untersuchung der Rinde zu richten.*)

---

*) Nach Griessmayer (Die Verfälsch. der wichtigsten Nahrungs- und Genussmittel. 1882. 2. Aufl. p. 55) werden gewisse Käsesorten, wie Handkäse, imitirter Limburger etc., in Urin gelegt, um das Reifen zu beschleunigen, und ist diese Behandlungsweise aus dem Gehalt des Käses an Harnsäure zu erkennen: Man erhitzt die fein geriebene Käsemasse mit verdünnter Natronlauge und giesst das heisse Filtrat in verdünnte Schwefelsäure. Die abgeschiedene, ausgewaschene Krystallmasse (Harnsäure) verdampft man mit Salpetersäure im Wasserbade zur Trockne; der schwach röthliche Rückstand (Alloxantin) wird durch Befeuchten mit Ammoniak prachtvoll roth gefärbt, durch weiteren Zusatz von Kalilauge entsteht eine blaue Färbung (Murexidreaction). [Anm. d. Uebers.]

*Literatur über Milch, Butter und Käse.**)

v. d. Becke, Dr. W. — Die Milchprüfungsmethoden. Mit einer Vorrede von Dr. J. König. — Bremen 1882.

Bouchardat et Quevenne. — Du lait. — Paris 1857.

Conrad. — Die Untersuchung der Frauenmilch für die Bedürfnisse der ärztlichen Praxis. — Bern 1880.

Feser, Prof. Jul. — Die polizeiliche Controlle der Marktmilch. Zwei Vorträge. — Leipzig 1878.

Fleischmann, Dr. Wilh. — Das Molkereiwesen. Ein Buch für Praxis und Wissenschaft. — Braunschweig 1876.

Fleischmann. — Ueber präservirte Butter. Vortrag. — Bremen 1883.

Husson, C. — Le lait, la crême et la beurre, au point de vue de l'alimentation, de l'allaitement naturel, de l'allaitement arteficiel et de l'analyse chimique. — Paris 1878.

Kirchner, Dr. W. — Beiträge zur Kenntniss der Kuhmilch und ihrer Bestandtheile nach dem gegenwärtigen Standpnnkte wissenschaftlicher Forschung. — Dresden 1877.

Kirchner, Dr. W. — Handbuch der Milchwirthschaft auf wissenschaftlicher und praktischer Grundlage. — Berlin 1882.

Müller, Christ. — Anleitung zur Prüfung der Kuhmilch. — Bern 1872.

Schmidt, Prof. Alex. — Ein Beitrag zur Kenntniss der Milch. — Dorpat 1874.

Soxhlet, Dr. F. — Ueber die Zuverlässigkeit der volumetrischen Methode zur Bestimmung des Fettgehalts der Milch und über-

---

*) Anm. d. Uebers.

Milchprüfung im Allgemeinen. — Sep.-Abdr. aus der Zeitschrift des Landwirthschaftl. Vereins in Bayern. — München 1881.

Vieth, Dr. P. — Die Milchprüfungsmethoden und die Controlle der Milch in Städten und Sammelmolkereien. — Bremen 1879.

Vogel, Dr. Hans. — Ueber Milchuntersuchung und Milchcontrolle. Vortrag, — Würzburg 1884.

Wanklyn, Alfred. — Milk analysis, a practical treatise on the examination of milk and its derivatives, cream, butter and cheese. — London 1874.

Vereinbarungen der bayrischen Vertreter der angewandten Chemie über Nahrungsmittel-Untersuchungen. — Nürnberg 1883.

Ministerialerlass, betr. den Verkehr mit Milch in Preussen. Pharm. Centr. H. 1884. Nr. 13. 145.

SCHMALZ.

Das Schmalz besteht vorzugsweise aus dem Fette der Schweine, welches von den Membranen und Geweben gesondert ist, in die es, nachdem es frisch von den Thieren entnommen, eingeschlossen war. Bei der Bereitung des gewöhnlichen Schmalzes wird das rohe Fett in kleine Stücke geschnitten und in einen Kessel gebracht, welcher auf freiem Feuer oder mittelst Dampf erhitzt wird. Das geschmolzene durchgeseihte Fett wird alsdann in Blasen oder Fässer gegossen, und hält sich, falls es frei von eiweissartigen Substanzen ist, für längere Zeit sehr gut. Mitunter wird dem rohen Fette beim Schmelzen etwas Salz zugesetzt und findet sich dasselbe dann zum Theil auch in dem ausgelassenen Schmalz.

Das Schmalz soll eine weisse Farbe und keinen unangenehmen Geschmack und Geruch besitzen. Auch soll es möglichst frei von Wasser sein, darf indessen einen geringen Antheil Salz enthalten.

Nachstehende Tabelle zeigt die Resultate der Untersuchung von vier Schmalzproben des Handels:

Analysen von Schmalz.

No.	Wasser	Spec. Gew. bei 37.5° C. (100° F.)	Procentgehalt an festen Fettsäuren	Schmelzpunkt ° C.
1.	0.24	904.83	95.92	42.7
2.	0.35	903.88	95.89	42.2
3.	0.27	903.73	95.62	43.9
4.	0.17	903.71	95.93	45.5

Das einzige Verfälschungsmittel des Schmalzes, welches uns vorgekommen ist, ist Wasser.*) Gelegentlich soll auch Mehl dazu benutzt worden sein; die Gegenwart desselben kann leicht durch das Mikroskop entdeckt werden.

---

*) Das Schmalz vermag, besonders bei Zusatz gewisser Bindemittel (Borax, Natronlauge, Kalkmilch), sehr grosse Mengen Wasser aufzunehmen; man lässt die wässerige Flüssigkeit durch Schmelzen der Substanz im Reagirglase im Wasserbade sich abscheiden und untersucht sie nach dem gewöhnlichen Gange der Analyse. — Auch emulsionsartige Kunstfettcompositionen aus Sonnenblumen- und Baumwollensaamenöl sollen zum Verfälschen des Schweinefettes angewandt werden, die sich durch den Geruch beim Erhitzen des Productes im Wasserbade und ein niedriges spec. Gewicht zu erkennen geben. — Vergl. Elsner: Die Praxis des Nahrungsmittelchemikers. Hamburg und Leipzig 1882, p. 28. [Anm. d. Uebers.]

CEREALIEN.

Die Getreidearten, welche hauptsächlich als Nahrungsmittel für den Menschen gebraucht werden, sind Weizen, Gerste, Hafer, Roggen, Mais und Reis; von geringerer Wichtigkeit sind Hirse, Guineakorn*) etc.

Dieselben sind die Saamen verschiedener Gräser, welche zur natürlichen Ordnung der Gramineen gehören; diese besitzen hohle Stengel mit abwechselnd gestellten, mit einer Scheide versehenen Blättern, und Blüthen, welche in Aehren oder Rispen stehen. Der Halm ist sehr reich an Kieselsäure, welcher er die zur Unterstützung der Aehre nothwendige Stärke und Steifheit verdankt.

Die Cerealien sind die wichtigsten aller Nahrungsmittel, und es finden sich auf jedem Theile der Erd-Oberfläche, wo nur irgendwie Ackerbau getrieben wird, einige Repräsentanten dieser Klasse. Die Cultur der Gerste erstreckt sich bis in die arktische Zone; von dort in südlicher Richtung, entsprechend dem wärmer werdenden Klima, folgen Hafer, Roggen, Weizen, Mais, und endlich in den tropischen und subtropischen Gegenden Reis, Hirse und Kaffernkorn. Alle Getreidefrüchte bleiben bei trockener Aufbewahrung sehr lange Zeit hindurch keimfähig; man hat

---

*) Die Durra oder Dhurra (Sorghohirse, Mohrenhirse, Guineakorn, Kaffernkorn, von Holcus Sorghum oder Sorghum vulgare) bildet das Hauptgetreide-Nahrungsmittel der afrikanischen Bevölkerung.

[Anm. d. Uebers.]

Weizenkörner, welche aus ägyptischen Mumienbehältern entnommen waren und von denen anzunehmen ist, dass sie darin gegen zweitausend Jahre gelegen hatten, ausgesät, und es zeigte sich, dass sie mit der für frischen Weizen bekannten Triebkraft sich entwickelten.

Die Cerealien sind seit undenklichen Zeiten bekannt; die eigentliche Heimath der einzelnen Species ist meist nicht genau nachzuweisen; nach einer Tradition der Aegypter soll die Gerste die erste Körnerfrucht gewesen sein, welche von den Menschen zur Nahrung benutzt wurde. Auch bei den alten Britten war die Gerste die hauptsächlich cultivirte Getreideart und wurde nicht nur zur Brotbereitung, sondern auch zur Gewinnung von Ale, ihrem Lieblingsgetränke, angewendet. Späterhin, besonders in nördlichen Gegenden, die für den Anbau von Weizen nicht geeignet waren, ist auch der Roggen zum grossen Theil durch Gerste und Hafer verdrängt worden, während in England und anderen Gegenden mit ähnlichem Klima der Weizen seit langer Zeit die ständige und aufgespeicherte Getreidenahrung der Bevölkerung ausmacht.

Bei allen Cerealien besteht die Hauptmasse des Korns vorzugsweise aus Stärkemehl, welches von einer kieselsäurereichen Schaale oder Hülse umschlossen ist; die verschiedene Structur der Gewebe bei den betreffenden Schaalen, sowie die Grösse und Form der Stärkekörner ermöglichen es, die Körnerfrüchte auch im gemahlenen Zustande von einander zu unterscheiden.

Die in allen Cerealien vorhandenen Bestandtheile sind Fett, Stärke, Zucker, eiweissartige und andere stickstoffhaltige Körper, Cellulose, Mineralsubstanzen und Wasser; die relative Menge derselben schwankt indessen bei den verschiedenen Körnerfrüchten in erheblichem Grade, wie aus der nachstehenden Tabelle ersichtlich ist:

Tabelle I. — Bestandtheile der Cerealien.

Bestandtheile	Weizen; Wintersaat	Weizen; Frühjahrssaat	Langährige Gerste	Englischer Hafer	Mais	Roggen	Carolina-Reiss, geschält
Fett	1.48	1.56	1.03	5.14	3.58	1.43	0.19
Stärke	63.71	65.86	63.51	49.78	64.66	61.87	77.66
Zucker (auf Rohrzucker berechnet)	2.57	2.24	1.34	2.36	1.94	4.30	0.38
Albumin u. a. stickstoffhalt., in Alcohol unlösliche Bestandtheile.....	10.70	7.19	8.18	10.62	9.67	9.78	7.94
Andere stickstoffhaltige, in Alcohol lösliche Bestandth.	4.83	4.40	3.28	4.05	4.60	5.09	1.40
Cellulose	3.03	2.93	7.28	13.53	1.86	3.23	Spuren
Mineralsubstanzen.	1.60	1.74	2.32	2.66	1.35	1.85	0.28
Feuchtigkeit	12.08	14.08	13.06	11.86	12.34	12.45	12.15
Summa	100.00	100.00	100.00	100.00	100.00	100.00	100.00

Aus dieser Tabelle ist zu ersehen, dass der Winterweizen mehr stickstoffhaltige Substanzen und weniger Stärke enthält, als der Frühjahrsweizen; hinsichtlich der übrigen Bestandtheile unterscheiden sich Beide nur wenig. Die Haferarten enthalten ebenfalls mehr stickstoffhaltige Körper, als der Frühjahrsweizen und sind reich an Fett, Cellulose und Mineralsubstanzen. Die Gerste zeigt einen relativ höheren Gehalt an Cellulose und Salzen, stellt sich aber hinsichtlich der übrigen Bestandtheile niedriger, als der Weizen. Der Mais steht hinsichtlich des Fettgehalts dem Hafer am nächsten, in seinen anderen Componenten dagegen nähert er sich durchschnittlich mehr dem Weizen. Der Reiss enthält die relativ grösste Menge Stärkemehl; seine übrigen Bestandtheile dagegen fallen sämmtlich unter das

Durchschnittsmaass. Die Bestandtheile des Roggens entsprechen, mit Ausnahme des Zuckers, völlig denen des Weizens.

Bei der Stärke sind $1-1^1/_2 \%$ Dextrin oder lösliche Kohlenhydrate mit einbegriffen.

Die zuckerartigen Körper entsprechen in ihrem Verhalten dem Rohrzucker; sie lassen sich mit derselben Leichtigkeit invertiren, während sie Kupferlösung für sich nicht reduciren.

Die in den verschiedenen Cerealien enthaltenen eiweissartigen Bestandtheile sind in Bezug auf ihre chemische Zusammensetzung sehr ähnlich unter einander; in ihren physikalischen Eigenschaften zeigen sich einige Unterschiede, doch lässt z. B. ihr Verhalten gegen Lösungsmittel keine deutliche Gränzlinie zwischen ihnen ziehen. Die Resultate, welche von verschiedenen Chemikern bei den Versuchen zur Trennung dieser stickstoffhaltigen Substanzen erhalten wurden, weichen der Art von einander ab, dass es zweifelhaft erscheint, ob dabei überhaupt jemals ein reiner, scharf charakterisirter Körper erhalten wurde; denn alle Methoden, welche sich nur auf das Verhalten der Stoffe gegen Lösungsmittel gründen, können schwerlich jemals ein, für die quantitative Bestimmung brauchbares Resultat ergeben. In dem vorliegenden Falle haben wir es für unsere Zwecke für genügend erachtet, die stickstoffhaltigen Bestandtheile in solche, die in Alcohol löslich sind, und solche, die darin unlöslich sind, zu trennen.

Die löslichen Albuminoide der Cerealien, welche die Fähigkeit besitzen, die gallertartig aufgequollene Stärke in Dextrin und Maltose zu verwandeln, zeigen diese Wirksamkeit bei den einzelnen Körnerfrüchten in verschiedenem Grade; zum Theil mag dies davon herrühren, dass sie in der einen Getreideart in grösserer Menge vorkommen, als in der anderen. Das wirksame Princip des Roggens zeigt eine stärkere invertirende Kraft, als das der anderen Cerealien und nähert sich darin dem diastatischen Bestandtheil der gekeimten

Gerste oder des Malzes, welcher bekanntlich auf gelöste Stärke mit grosser Energie und Schnelligkeit einwirkt.

Die im Reis enthaltenen Albuminoide wirken verhältnissmässig nur schwach auf die Stärke, während die des Hafers, der *ungekeimten* Gerste, des Weizens und des Mais eine Mittelstellung zwischen Roggen und Reis einnehmen.

Auch der Gehalt an Cellulose schwankt, wie ausder Tabelle ersichtlich ist, bei den einzelnen Cerealien beträchtlich; von dem nur spurenweisen Vorkommen im Reis steigt er im Hafer bis auf 13.53 Procent.

Asche. — Die nachstehende Tabelle zeigt die Zusammensetzung der Asche von sechs verschiedenen Cerealien:

Tabelle II. — Bestandtheile der Asche der Cerealien.

Bestandtheile	Waizen (Goldtropfen)	Gerste	Hafer (Middlesex)	Roggen	Mais (Amerikanischer)	Reis geschält. (Carolina)
Gesammtasche des trockenen Korns .	1.81	2.66	3.01	2.11	1.54	0.31
Kali ..... K_2O	30.07	12.74	9.34	20.42	26.01	17.71
Natron.... Na_2O	0.66	4.03	—	—	0.91	—
Natriumchlorid...... NaCl	3.05	0.31	1.03	2.78	2.13	3.24
Magnesia .. MgO	11.39	7.59	7.75	9.23	18.73	7.86
Kalk ..... CaO	5.17	3.45	4.22	1.89	1.82	2.62
Eisenoxydul . FeO	0.19	0.34	0.36	1.25	0.52	0.60
Thonerde .. Al_2O_3	Spuren	2.28	—	0.11	—	—
Manganoxyd Mn_2O_3	Spuren	Spuren	Spuren	Spuren	Spuren	—
Schwefelsäure .... SO_3	3.18	1.44	3.10	1.29	1.62	0.87
Phosphorsäure .... P_2O_5	45.50	39.11	32.09	48.03	47.45	65.36
Lösliche Kieselsäure... SiO_2	0.79	24.70	39.56	10.43	0.81	1.74
Sand	—	4.01	2.55	4.57	—	—
Summa ...	100.00	100.00	100.00	100.00	100.00	100.00

Krankheiten der Cerealien.

Es wird zweckmässig sein, kurz einige der Krankheiten zu beschreiben, welchen die Getreidearten durch die Entwickelung von Schmarotzerpilzen unterworfen sind. Die gewöhnlichsten derselben sind die nasse Fäule, der Brand oder Russ und das Mutterkorn.

Die Fäule (nasse Fäule, Pfefferbrand). Der dieselbe verursachende Pilz wird mit dem botanischen Namen

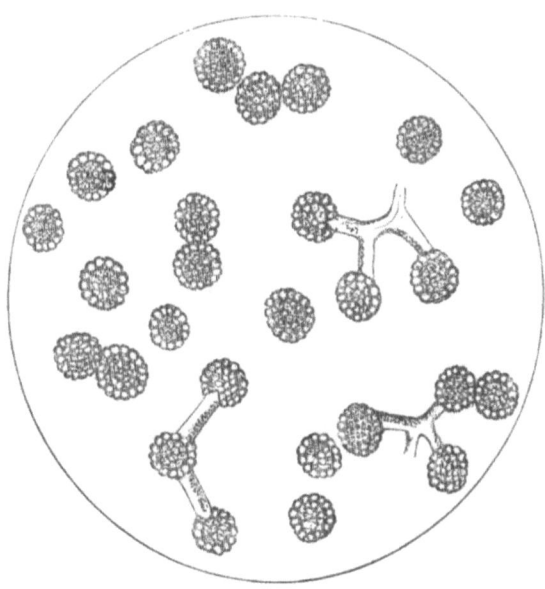

Fig. 3. — Getreidefäule. — 350fache Linearvergrösserung.

Tilletia caries bezeichnet. Die Fäule ist eine häufig beim Weizen vorkommende Krankheit; der Pilz entwickelt sich innerhalb der Saamen und erzeugt schliesslich eine Unzahl von Sporen, die das Aussehen eines feinen Pulvers zeigen. Dasselbe ist weich und fettartig anzufühlen und erzeugt beim Reiben zwischen den Fingern einen unangenehmen Geruch.

Die Gegenwart dieses Pilzes in kleineren Mengen macht nicht gerade das ganze Mehl ungeniessbar, doch sollte derselbe in einem sorgfältig zubereiteten Mehl des Handels nicht vorkommen. Seine Anwesenheit kann leicht durch das Mikroskop festgestellt werden, da die Sporen gross, rund und an der Oberfläche netzförmig geädert sind, wie Fig. 3 zeigt. Die Grösse der Sporen schwankt von 0.0006 bis 0.0008 Zoll (0.015 bis 0.020 Mm.) Durchmesser.

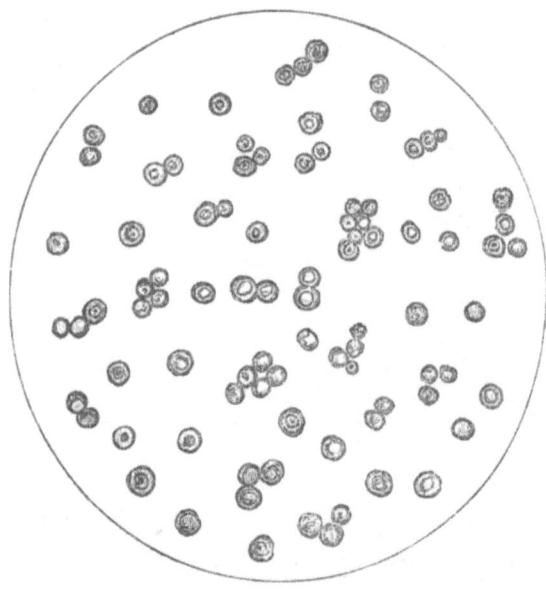

Fig. 4. — Getreidebrand. — 350fache Linearvergrösserung.

Der **Brand** oder **Russ** wird im Volksmunde gewöhnlich **Staubbrand**, mit dem botanischen Namen **Ustilago segetum** genannt. Derselbe ist ein sehr verbreiteter und verderblich wirkender Parasit, welcher besonders auf Gerste, Hafer und Roggen vorkommt; den Weizen greift er seltener an. Der Staub des Brandpilzes gleicht dem des Pilzes der Fäule im äusseren Ansehen, ist aber geruchlos: die Sporen sind kleiner und haben weniger als 0.0002 Zoll (0.005 Mm.) im Durchmesser; auch sind sie an der Oberfläche nicht netzförmig geadert. Das Ansehen des Brandes unter dem Mikroskop ist in Fig. 4 dargestellt.

Mutterkorn. — Das Vorkommen des Mutterkornes ist fast ausschliesslich auf den Roggen beschränkt, während der Weizen und die übrigen Getreidefrüchte nur ab und zu von demselben befallen werden. Der botanische Name des Pilzes ist Oidium abortifaciens*). Die Entwickelung desselben beginnt bereits im jugendlichen Zustande des Fruchtknotens; der Pilz nimmt alsdann die Stelle des Saamens ein, so dass dieser zum Theil oder gänzlich als aus Fungin bestehend erscheint; die Zellen enthalten kein Stärkemehl, sondern sind statt dessen mit einem eigenthümlichen fetten Oele erfüllt.

Die Sporen des Mutterkornpilzes können im Mehle unter dem Mikroskop an ihrer länglich-ovalen Form und auch daran erkannt werden, dass sie durch Jod nicht blau gefärbt werden.

---

*) Claviceps purpurea Tulasne, nebst ihren Vorstufen, der Conidienform Sphacelia segetum Leveillé (der Ursache des sogenannten Honigthaus des Getreides) und der Sclerotienform, Sclerotium Clavus D. C. (dem eigentlichen Mutterkorn). Die gestielten purpurrothen Fruchtlager, welche dasselbe in feuchtem Boden erzeugt, wurden früher auch als besonderer Pilz (Cordyceps purpurea Fries) beschrieben. Die fadenförmigen Sporen der letzteren Form entwickeln sich in den jungen Getreideblüthen wieder zur Sphacelia. — Das M. und zahlreiche, ihm verwandte Kernpilze schmarotzen auch auf Weizen, Gerste, Hafer und vielen anderen cultivirten und wilden Gräsern. [Anm. d. Uebers.]

Das Mutterkorn besitzt einen unangenehmen, widrigen Geruch; sein Genuss ist nachtheilig für die Gesundheit.*)

---

*) Der fortgesetzte Genuss eines mutterkornhaltigen Mehls wird als Ursache der sogen. Kriebelkrankheit (Ergotismus, Raphania) angesehen.

Von den zahlreichen zur Erkennung des Mutterkorns im Mehl vorgeschlagenen Methoden seien folgende hier erwähnt: Nach Wittstein entwickelt mutterkornhaltiges Mehl beim Erwärmen mit Kalilauge den Geruch nach Häringslake (Trimethylamin); doch soll in Zersetzung begriffenes Mehl denselben für sich auch geben. — Nach Vogl zieht man das Mehl mit 70procentigem Alcohol unter Zusatz von 5% Salzsäure aus: fleischrothe Färbung der Flüssigkeit. Nach Jacoby wird das Mehl zunächst mit Alcohol entharzt und entfettet, sodann mit schwefelsäurehaltigem Alcohol behandelt: röthliche Färbung der Flüssigkeit. — Nach Böttger zieht man die Substanz mit Essigäther unter Zusatz von Oxalsäure aus: röthliche Färbung. — Nach Pöhl (Pharm. Zeitschr. für Russland u. Ber. deutsch. chem. Ges. 15, 543) behandelt man das Mehl mit schwefelsäurehaltigem Aether und schüttelt das Filtrat mit kalt gesättigter Natriumbicarbonatlösung; die rothgefärbte Flüssigkeit wird colorimetrisch mit Normalauszügen von M. verglichen. — Wolff und Hoffmann schliessen daran die spektroskopische Prüfung. — Nach Hofmann-Kandel übersättigt man die obige Natriumbicarbonat-Lösung mit verd. Schwefelsäure und erhält darauf durch Ausschütteln mit Aether eine Lösung des reinen Mutterkornfarbstoffes. | — Petri (Zeitschr. f. anal. Ch. 18, 119 u. 211) erschöpft das Mehl mit siedendem Alcohol, säuert den Auszug mit Schwefelsäure an, verdünnt mit Wasser, schüttelt diese Flüssigkeit mit Amylalcohol, Chloroform, Benzol oder Aether und prüft diese Ausschüttelungen spektroskopisch. — Palm (Zeitschr. f. anal. Ch. 22, 319) zieht das Mehl mit Weingeist von 35—40° Tr. und einigen Tropfen Ammoniak bei 30-40° C. aus, fällt das Filtrat mit Bleiessig und digerirt den abgepressten Niederschlag mit kalt gesättigter Boraxlösung: die Flüssigkeit färbt sich violet und lässt auf Zusatz von Schwefelsäure dunkelviolette Flocken fallen — Hager (Erg. B. zur Pharm. Praxis, p. 90) macerirt das Mehl oder Brod mit Weingeist unter Zusatz der officinellen Mixt. sulfurica acida, versetzt das Filtrat mit Aluminiumacetat und alsdann mit Ammoniak bis zur schwach alkalischen Reaction: bei Gegenwart von Mutterkorn ist der Thonerdeniederschlag roth gefärbt.

Ueber die wirksamen Bestandtheile des Mutterkornes (Sclerotinsäure, Ecbolin, Ergotin) vergl. L. Denzel, Arch. d. Pharm. 22, 49 und Chem. Zeit. 1884. Nr. 14. 232. [Anm. d. Uebers.]

WEIZENMEHL.

Botanische Abstammung. — Das Weizenmehl wird aus den Saamen der Gattung Triticum bereitet; es giebt verschiedene Arten derselben, doch sind die Unterschiede zwi-

Fig. 5. — *Weizenähren.* — Fig. 6.

schen diesen nur geringfügig. Vor einigen Jahren (1852) behauptete Esprit Fabre, dass die verschiedenen Varietäten des Weizens sich durch Cultur und natürliche Zuchtwahl von einem anderen Gras, Aegilops ovata, ableiten liessen und nach seinen Versuchen gelangte er nebst einigen andern Botanikern zu der Ueberzeugung, dass eine derartige Umbildung schon in ungefähr zwölf Jahren bewirkt werden könne.

Die beiden Weizenarten, welche hauptsächlich in England cultivirt werden, sind Triticum hybernum L. und Triticum aestivum L. Die Letztere, welche man verhältnissmässig nur in geringerer Ausdehnung anpflanzt, wird auch „Bartweizen" genannt, weil die einzelnen kleinen Aehren mit haarartigen Anhängseln, sogenannten Grannen, versehen sind, die denen der Gerste gleichen, wie Fig. 5 zeigt. Die erstgenannte Art, Triticum hybernum, deren Aehrchen keine derartigen Anhängsel besitzen, wird meist als „bartloser Weizen" bezeichnet und ist in Fig. 6 abgebildet.

Früher wurden die Hauptvarietäten des Weizens in Winterweizen und Frühjahrsweizen classificirt, je nachdem die Aussaat im Herbst oder im Frühling erfolgte; da sich indessen zeigte, dass die meisten Sorten einen reicheren und besseren Ertrag lieferten, wenn sie im Herbst gesät wurden, und dass der sogenannte Winterweizen noch Ende Januar mit Erfolg ausgesät werden kann, ist diese Eintheilung nur von geringem Werth. Es ergiebt sich indessen eine naturgemässe Classification der verschiedenen Weizensorten in weisse und rothe. Die hauptsächlichsten Spielarten des weissen Weizens sind der Talavera, der Rough-chaff (Rauhspreu), der Smooth-chaff (Glattspreu), der Chiddam, der Hunter'sche und der Taunton Dean; von dem rothen Weizen unterscheidet man den Golden-drop (Goldtropfen), Spalding (Spalt-Weizen), Lammas, Burrell, Nursery, April- und Revett-Weizen; von diesen Arten sind nur die beiden Letztgenannten begrannt. Durch die Cultur auf verschiedenem Boden und unter verschiedenen Himmelsstrichen entstehen ausserdem noch zahlreiche Mittelformen, welche häufig als neue Arten aufgestellt wurden.

Als Ergänzung zu dem Vorstehenden mögen hier noch drei andere cultivirte Arten der Gattung Triticum erwähnt werden:

1. **Der aegyptische oder vielsaamige Weizen** (Triticum compositum), auch „Korn des Ueberflusses" genannt. Er besitzt einen verzweigten Stengel mit mehreren begrannten Aehren; die Körner sind kleiner und weniger rundlich, als bei den besten Varietäten des englischen Weizens. Er soll aus Afrika stammen und bildet, da er starke Nässe und Hitze ertragen kann, die hauptsächlich in Aegypten und Italien angebaute Weizensorte.

2. **Der Spelzweizen** (Triticum Spelta). Diese Art erfordert weniger Pflege und Sorgfalt bei der Cultur, als die besseren Weizensorten, und eignet sich zum Anbau auf armem Boden. Er wird in ausgedehntem Maassstabe im südlichen Europa, in einigen Gegenden Deutschlands, am Cap der guten Hoffnung und in Australien angepflanzt. Man unterscheidet zwei Varietäten des Spelzweizens, die eine mit, die andere ohne Grannen.

3. **Der einsaamige Weizen oder das St. Peters-Korn** (Triticum monococcum). Die Aehre dieser Weizenart enthält, wie schon der Name besagt, nur eine Reihe von Körnern; der Halm ist kürzer als bei den anderen Arten; gewöhnlich entspringen aus jedem Saatkorn vier oder fünf Stengel. Das daraus gewonnene Getreide ist indessen von geringer Qualität, und es wird dasselbe hauptsächlich nur in Berggegenden angebaut.

Der allgemeine Habitus der Weizenpflanze ist zu wohl bekannt, als dass eine ausführlichere Beschreibung derselben hier am Platze wäre. Der Stengel ist verhältnissmässig dünn, doch wird er zur Unterstützung der Aehre durch einen hohen Gehalt an Kieselsäure besonders verstärkt; er ist hohl, in Zwischenräumen mit Knoten versehen und besitzt abwechselnd gestellte, scheidenartige Blätter. Die

Blüthen stehen in zahlreichen Aehrchen längs einer gemeinschaftlichen Spindel. Jedes Aehrchen besitzt ein Paar Deckblätter oder Spelzen (glumae), welche mehre Blüthen einschliessen; jede dieser Blüthen besitzt wiederum ein eigenes Paar kleiner Deckblätter, welche Spelzchen (glumulae) genannt werden.

Beschreibung. — Der Weizen ist nicht nur die geschätzteste, sondern nächst dem Mais auch die ergiebigste aller Körnerfrüchte; das Mehl desselben bildet eins der Hauptlebensmittel des Menschen. Der durch Ausdreschen der Aehren schon bis zu einem gewissen Grade von den Schaalen und Spelzen befreite Weizen wird in der Mühle von dem Reste derselben, sowie von erdigen Beimengungen durch Sieben befreit, und sodann gemahlen und gebeutelt; die Qualität des Mehles ist zum grossen Theile von der Sorgfalt abhängig, mit der diese Operationen ausgeführt werden. Es werden hauptsächlich folgende Producte unterschieden; dieselben sind nach der Güte des Mehles und dem Antheil der darin vorhandenen Kleie geordnet:

Ertrag eines Malters Weizen im Gewichte von 504 Pfund; (63 Pfund per Scheffel):

Feines Mehl Ia	333 Pfund
Desgleichen IIa	53 „
Gutes Mittelmehl	16 „
Grobes „	18 „
Feine Kleie	25 „
Grobe „	26 „
Hülsen	26 „
Verlust	7 „
	504 Pfund.

Eine erhebliche Menge der Substanzen, welche zur Erzeugung von Fleisch und Knochen geeignet sind, findet sich in den Mittelsorten des Mehles oder wird mit der Kleie und den Hülsen entfernt; neuerdings hat man versucht, diesen Verlust durch Einführung eines sogenannten

„vollen Weizenmehls" zu vermeiden; dasselbe wird durch Vermahlen des ganzen Weizenkorns gewonnen, nachdem dasselbe nur von den äusseren Umhüllungen oder den Hülsen befreit ist.

Geschichtliches. — Der Weizen ist seit undenklichen Zeiten bekannt; wo das Klima sich nur einigermassen als geeignet erweist und überhaupt Kenntniss des Ackerbau's existirt, sehen wir den Weizen fast alle anderen Cerealien verdrängen. Während des Mittelalters scheint die Gerste sowohl in England, als auf dem Continent durch den Roggen ersetzt worden zu sein; für Weizen wurden damals ausserordentlich hohe Preise bezahlt und sein Gebrauch blieb auf die wohlhabendere Klasse beschränkt. Man hat berechnet, dass der Ertrag von einem Acre*) guten Bodens in England im dreizehnten Jahrhundert nicht mehr als 12 Scheffel Weizen betrug; im Jahre 1574 war derselbe schon auf 16—20 Scheffel gestiegen, während er bei Beginn des laufenden Jahrhunderts von Young auf $22^1/_2$ Scheffel geschätzt wurde. Die Herren Lawes und Gilbert haben neuerlich festgestellt, dass jetzt die Ernte sich durchschnittlich auf $27^5/_8$ Scheffel per Morgen beläuft; sie legen ihrer Berechnung die Production innerhalb der siebenundzwanzig Jahre von 1852—1879 zu Grunde. Während derselben Periode hat indessen die zum Ackerbau benutzte Fläche Landes in England um 20 Procent abgenommen, während der Import pro Jahr von 4,700,000 auf 13,700,000 Malter und der Verbrauch an Weizen von 5,1 auf 5,67 Scheffel auf den Kopf der Bevölkerung gestiegen ist.

Der Weizen ist vielfach Gegenstand der Gesetzgebung gewesen; vom Jahre 1463 bis zur Aufhebung des Getreidegesetzes im Jahre 1846 erschienen fortwährend neue Parla-

---

*) 1 Acre = 0.404 Hektaren; 1 engl. Scheffel (bushel) = 36.8 L.
1 Malter (Quarter) = 8 bush. = 294,6 L.   [Anm. d. Uebers.]

mentsacten behufs Regulirung des Kornhandels. Die Ausfuhr des Weizens wurde verboten, wenn der Preis desselben 8 sh. 6 d. per Malter überstieg; im Jahre 1562 wurde die Ausfuhr noch erlaubt, nachdem der Preis im Inlande auf 10 sh. gestiegen war; hundert Jahre später wurde die Gränze auf 40 sh. festgestellt und im Jahre 1670 wurden alle Beschränkungen der Einfuhr aufgehoben und wurde dieselbe mitunter nur durch die Steuerverhältnisse verhindert.

In den Jahren 1775—1795 sank der Preis des Weizens bis unter 50 sh. per Malter; im letztgenannten Jahre aber stieg er auf 81 sh. 6 d. und in Folge schlechter Ernten im Inlande und auswärtiger Kriege ging er immer höher, bis er 1812 sogar 126 sh. 6 d. betrug. In der Zeit von 1852 bis 1879 war der Durchschnittspreis des Weizens 53 sh. 5 d. per Malter.

Chemische Zusammensetzung.

Das Weizenmehl enthält folgende Substanzen: Stärke, Dextrin, Cellulose, Zucker, Albumin, Gliadin oder Glutin, Mucin, Fibrin, Cerealin, Fett, Mineralsubstanzen und Wasser.

Die ersteren vier Körper sind frei von Stickstoff; der Sauerstoff und Wasserstoff finden sich in ihnen in demselben Verhältniss, wie es zur Bildung von Wasser nöthig ist, wesshalb sie auch als Kohlenhydrate bezeichnet werden. Sie machen nahezu drei Viertel vom Gesammtgewichte des Mehles aus.

Die stickstoffhaltige Materie besteht aus wenigstens fünf verschiedenen Substanzen, von welchen drei, das Gliadin, Mucin und Fibrin, die Hauptmasse des Stoffes bilden, welcher als *roher Kleber* bezeichnet wird; man versteht darunter die Substanz, welche schliesslich zurückbleibt, wenn das Mehl so lange unter Wasser geknetet und gewaschen wird, bis das Stärkemehl und alle löslichen Stoffe entfernt sind; zu den letzteren gehören auch die beiden anderen stickstoffhaltigen Bestandtheile des Mehles, das Cerealin und das Mucin.

Der rohe Kleber besitzt eine eigenthümliche Zähigkeit, welche von seinem Gehalte an Gliadin herrührt; diese höchst zähe Substanz findet sich in den übrigen Getreidemehlen nicht in gleicher Form und gerade diese eigenartige Klebrigkeit, welche das Gliadin dem Kleber ertheilt, macht das Weizenmehl zu den Zwecken der Brotbereitung ausserordentlich geeignet.

Obgleich die stickstoffhaltige Substanz des Weizenmehls sich in verschiedene nähere Bestandtheile zerlegen lässt, erscheint es doch zweifelhaft, ob das Verhalten derselben gegen Lösungsmittel genügend scharf ausgesprochen ist, um darauf eine befriedigende Methode zu ihrer quantitativen Bestimmung gründen zu können; wir haben uns daher für den Zweck des vorliegenden Werkchens damit begnügt, die genannten Stoffe in solche, die in Alcohol von $70^0/_0$ löslich sind, und in solche, die darin unlöslich sind, zu trennen. Die Ersteren umfassen das Gliadin und seine Verwandten; die Letzteren das Albumin und Fibrin.*)

---

*) Ueber die Eiweisskörper des Mehles vergl.:

Ritthausen, Die Eiweisskörper der Getreidefrüchte, Hülsenfrüchte und Oelsamen. Bonn, 1872.

Sachsse, Chemie und Physiologie der Farbstoffe, Kohlenhydrate und Proteinsubstanzen. Leipzlg, 1877.   [Anm. d. Uebers.]

Die folgende Tabelle enthält die Resultate der Untersuchung von drei Proben Mehl verschiedener Qualität:

Tabelle III. — Bestandtheile des Mehls.

Bestandtheile	Gewöhnliches Mehl für den Hausgebrauch	Bestes Mehl für den Hausgebrauch	Bestes Weissmehl
Stärke und Dextrin	69.04	71.05	70.33
Cellulose	0.52	0.70	0.77
Zucker, entsprechend dem Rohrzucker	0.71	0.64	0.68
Eiweissartige und andere stickhoffhaltige, in Alcohol unlösliche Substanzen	9.36	7.94	9.40
Stickstoffhaltige, in Alcohol lösliche Substanzen	6.83	5.05	4.20
Fett	1.06	1.22	1.08
Mineralische Bestandtheile , . .	0.67	0.73	0.58
Wasser	11.81	12.67	12.96
Summa . .	100.00	100.00	100.00

Die mineralischen Substanzen bestehen, wie aus Tabelle V ersichtlich ist, aus Verbindungen des Calciums, Magnesiums, Kaliums, Natriums und der Kieselsäure.

Es ist festgestellt worden, dass die äusseren Schichten des Kornes reicher an Stickstoffverbindungen sind, als der mittlere Theil; durch Vergleichung der in der vorstehenden Tafel verzeichneten Resultate mit den in Tabelle I S. 120 gegebenen ersieht man aber, dass die obigen Mehlproben 16.19, 12.99 und 13.60 Procent stickstoffhaltiger Körper enthalten, die ganzen Weizenkörner dagegen nur 15.53 und 11.59 Procent.

Die einzelnen Bestandtheile des Weizenmehls finden sich in demselben in solchen Verhältnissen vor, dass sie ihm einen hohen Nährwerth ertheilen, und es bildet daher eins der nützlichsten Nahrungsmittel aus dem Pflanzenreiche.

Stärke $C_{12}H_{20}O_{10}$. — Dieselbe bildet den relativ grössten, wenn auch nicht den wichtigsten Bestandtheil des Mehls. Sie findet sich meist in der unlöslichen Modification und zwar in der Form abgerundeter Körner von 0,0011 Zoll (0.028 Mm.) Durchmesser abwärts.

Das Stärkemehl des Weizens kann mit Hülfe des Mikroskops erkannt und von demjenigen der meisten anderen Cerealien unterschieden werden.*)

Das Stärkemehl ist geruch- und geschmacklos; es erscheint immer weiss und mehr oder weniger glänzend. Das specifische Gewicht schwankt von 1.55—1.60, was ungefähr dem des Rohrzuckers gleichkommt; es unterliegt eigenthümlichen Veränderungen durch die Einwirkung gewisser löslicher eiweissartiger Körper, welche in dem Getreidekorn fertig gebildet vorkommen; in ähnlicher Weise wird es auch durch Speichel afficirt.

Die Einwirkung der löslichen Albuminoide auf die Stärke wird bedeutend erhöht, sobald der Saame zu keimen beginnt. Die erste Veränderung, welche die Stärke dabei erleidet, ist die Ueberführung in den löslichen Zustand, dann in eine oder mehre Formen des Dextrins, endlich in Maltose; Letztere bildet eine süss schmeckende, krystallisirbare Substanz von der Zusammensetzung des Rohrzuckers. Aehnliche Umbildungen finden beim Kochen der Stärke mit verdünnter Schwefelsäure statt, doch besteht in diesem Falle das Endproduct aus Glucose oder Dextrose; ebenso wird auch die Maltose beim Kochen mit verdünnter Schwefelsäure in Dextrose übergeführt.

---

*) Ueber das Quellen der Stärkekörner in Natronlauge als Mittel zu ihrer Unterscheidung vergl. W. H. Symons in The Pharm. Journ. and Transact. 3 ser. N. 638, p. 237 und Arch. d. Pharm. Bd. 221, p. 73. [Anm. d. Uebers.]

Wird die Stärke mit Wasser erhitzt, so quellen die Kügelchen auf und platzen schliesslich unter Bildung einer gelatinösen Masse; erhitzt man sie jedoch trocken auf 160°, so ist das Endproduct Dextrin nebst einer geringen Menge einer zuckerartigen Substanz; dasselbe ist alsdann in Wasser leicht löslich und bildet den, auch unter dem Namen „Brittisches Gummi" bekannten Handelsartikel.

Dextrin, $C_{12}H_{20}O_{10}$. — Dieser Körper findet sich für sich in den Cerealien gewöhnlich nur in sehr kleiner Menge, und seine Quantität, wenn nicht sein ganzes Vorkommen überhaupt, ist — ganz wie das des Zuckers — durch die Art und Weise der Aufbewahrung und die übrige Behandlung des Weizens oder des Mehles bedingt.

Das Dextrin bildet ein Zwischenglied zwischen Stärke und Zucker; es entsteht unter gewissen Umständen aus der ersteren durch die Einwirkung von Eiweisskörpern oder einer erhöhten Temperatur, wie dies oben bereits erwähnt wurde.

Cellulose, $C_{12}H_{20}O_{10}$. — Die Cellulose bildet vorzugsweise die Substanz, welche die Wandungen der Zellen und Gefässe der vegetabilischen Gewebe zusammensetzt. In dem inneren Theile des Getreidekorns, welcher vorzugsweise das Mehl liefert, findet sie sich nur in sehr beschränktem Maassstabe; in grösseren Mengen geht sie in die Zusammensetzung der äusseren Bekleidung des Saamens ein und macht ungefähr drei Procent von dem Gewichte des ganzen Getreidekorns aus; im Mehle beträgt ihre Quantität kaum ein Procent.

Die Cellulose ist für sich in Wasser nicht löslich; sie wird indessen durch die Einwirkung von Alkalien, sowie auch von Mineralsäuren in lösliche Verbindungen übergeführt; im Mehle findet sie sich im Zustande feiner Zertheilung und wird unter diesen Verhältnissen leicht von chemischen Agentien angegriffen.

Zucker, $C_{12}H_{22}O_{11}$. — Aus der obigen Tabelle ist ersichtlich, dass die aus jeder der drei Mehlsorten erhaltene Menge Zucker weniger als 1 Procent betrug. Dieser, in den Cerealien fertig gebildet enthaltene Zucker entspricht in seinen Eigenschaften dem Rohrzucker. In Alcohol von $92^0/_0$ ist er nur schwer löslich, kann aber leicht durch Alcohol von $70^0/_0$ ausgezogen werden. Er reducirt alkalische Kupfertartratlösung für sich nicht, erlangt aber diese Eigenschaft nach dem Kochen seiner Lösung mit verdünnter Schwefelsäure, wodurch seine Inversion zu Traubenzucker veranlasst wird.

Das ganze Weizenkorn enthält eine grössere Menge Zucker, als der stärkereiche Inhalt desselben für sich; dasselbe gilt auch für alle übrigen Cerealien. Es ist wahrscheinlich, dass die Mengenverhältnisse und das Verhalten der zuckerartigen Körper je nach den Bedingungen der Ernte sich ändern. In schlechten Jahren, wenn der Weizen andauernder Nässe ausgesetzt und die übrigen Umstände für die Einwirkung des im Getreide enthaltenen gährungserregenden Princips auf die Stärke günstig gewesen sind, ist eine Vermehrung der zuckerartigen Substanzen zu erwarten.

Eiweiss. — Dasselbe findet sich im Weizenmehl in erheblicher Menge und tritt hier, wie in vielen anderen Pflanzenstoffen, in einer Form auf, in welcher es sich durch Behandlung mit kaltem Wasser ausziehen lässt. Das Pflanzeneiweiss schliesst sich seinem äusseren Ansehen, sowie in seinem Verhalten gegen Säuren und Alkalien ganz dem Albumin an, welches aus dem Weissen der Vogeleier und aus dem Blutserum erhalten werden kann. Im feuchten Zustande bildet es eine weisse, zähe Masse; beim Trocknen nimmt dieselbe eine gelbliche Farbe und ein hornartiges Ansehen an. Mit Wasser in Berührung gebracht, absorbirt die getrocknete Substanz wieder das Mehrfache ihres Gewichtes von dieser Flüssigkeit und nähert sich in ihren Eigenschaften sodann wieder mehr ihrem ursprünglichen Charakter. Eine Lösung des Albumins wird durch Salpeter- oder Salzsäure leicht gefällt, dagegen sind Essig- und Weinsäure auf verdünnte Lösungen desselben ohne Einfluss. Das geronnene Albumin löst sich in Weinsäurelösung beim Erwärmen und in verdünnten Alkalilaugen schon in der Kälte auf, während concentrirte Alkalien es in eine Gallerte verwandeln.

Gliadin oder *Glutin*. — Dieser Substanz verdankt das aus dem Weizenmehl bereitete Brod seine wohlbekannte poröse und schwammige Beschaffenheit, und der Umstand, dass dieselbe in den anderen Getreidefrüchten fehlt, macht die Letzteren im Allgemeinen zur Brodbereitung weniger geeignet. In Verbindung mit Wasser ist es von weicher, teigartiger Beschaffenheit und lässt sich in Fäden ziehen. An der Luft oder im Wasserbade getrocknet, gleicht es der Gelatine; durch Behandeln mit Alcohol und Aether lässt es sich ganz von Wasser befreien und bildet alsdann nach dem Trocknen im Vacuum eine feste, leicht zu Pulver zerreibliche Masse. Wenn das Gliadin längere Zeit mit Wasser in Berührung gelassen wird, zersetzt es sich und geht allmählich in Lösung, in welchem Zustande es sodann auf die Stärke ähnlich, wie die löslichen Eiweisskörper einwirkt. Das reine Gliadin ist nicht in kaltem Wasser und nur in geringer Menge in heissem Wasser löslich, leicht jedoch in Lösungen der fixen Alkalien und in Alcohol von 70 Procent.

Mucin. — Dieser Körper besitzt ähnliche Eigenschaften wie das Gliadin. Es löst sich, wie das Letztere, in heissem Alcohol, scheidet sich aber beim langsamen Abkühlen der Lösung allmählich in flockigem Zustande ab. Nach seinen übrigen Eigenschaften scheint es eine Mittelstellung zwischen Gliadin und Pflanzenfibrin einzunehmen.

Fibrin oder unlösliches Eiweiss. — Dasselbe bildet den in Wasser und Alcohol unlöslichen Antheil der Albuminoidsubstanzen des Weizenmehls. Wenn roher Kleber mit Alcohol erschöpft wird, bleibt das rohe Fibrin als eine etwas grau gefärbte, zähe Masse zurück, welche noch mit etwas Stärkemehl und mit Cellulose verunreinigt ist; von den Letzteren kann es durch Lösen in Kalilauge, Filtriren und Fällen mit Essigsäure befreit werden. Beim Trocknen nimmt es eine bräunliche Farbe und ein hornartiges Aussehen an, kehrt jedoch bei längerer Berührung mit Wasser wieder in seinen ursprünglichen Zustand zurück. Es ist in verdünnter Salzsäure, Essig-, Wein- und Phosphorsäure löslich; beim Neutralisiren dieser Lösungen wird es wieder gefällt.

Cerealin. — Dieser Körper findet sich nach Mège-Mouriès fertig gebildet in den Saamenschaalen des Weizens. Bei der Verarbeitung desselben auf der Mühle wird es zum grössten Theil mit der Kleie entfernt und ist daher im Mehl nur in geringer Menge vorhanden. In seinen Eigenschaften soll es der Diastase sehr ähnlich sein und die Fähigkeit besitzen, die Stärke in Dextrin und Maltose überzuführen. Nach demselben Autor enthält die Kleie noch einen anderen stickstoffhaltigen Bestandtheil, welcher auf die Stärke noch energischer, als das Cercalin einwirkt. Es wird angenommen, dass das braune Brod seine dunkle Farbe dem Einflusse des Cerealins verdankt und dass, wenn die Wirksamkeit dieses Körpers durch vorheriges Erhitzen des Mehls zerstört wird, ein verhältnissmässig weisses Brod aus dem vollen Weizenmehle bereitet werden kann.

Die Einwirkung des Cerealins auf die Stärke wird durch die Anwesenheit von Alkalien verhindert. In seiner Wirkung schliesst es sich ganz derjenigen der löslichen Eiweisskörper des Malzes an. Wenn man dicke Stärkegelatine bei 50° mit einem wässrigen Aufguss von Kleie oder Malz behandelt, so wird das Gemisch schnell flüssig und nimmt

Tabelle IV.
Resultate einer partiellen Mehluntersuchung.

No.	Art des Mehls	Procentgehalt an		Auf 4 Pfund*) Mehl		
		Feuchtigkeit	unorganischen Substanzen	Kieselsäure (in Grains)	Aluminiumphosphat (in Grains)	Entsprechendes Gewicht Ammoniakalaun (in Grains)
1	Ungarisches	11.36	0.35	2.52	0.74	2.73
2	desgl.	9.94	0.61	24.92	2.05	7.58
3	desgl.	9.84	0.40	5.60	1.86	6.88
4	Amerikanisch.	12.02	0.86	1.40	1.30	4.81
5	desgl.	11.58	0.56	1.12	0.56	2.07
6	desgl.	11.94	0.84	1.40	0.93	3.44
7	Odessa	11.20	0.41	1.30	0.74	2.73
8	desgl.	11.76	0.59	4.08	1.12	4.14
9	desgl	11.58	0.70	7.84	1.30	4.81
10	Danziger	11.80	0.67	6.72	2.61	9.66
11	Australisches	11.94	0.68	6.12	1.12	4.14
12	Baltisches Weissmehl.	11.70	0.65	2.08	0.93	3.44
13	Weissmehl..	11.62	0.60	8.96	1.12	4.14
14	desgl.	11.84	0.72	10.92	1.12	4.14
15	Geringer.Sorte	11.70	0.67	3.36	0.93	3.44
16	Mehl für den Hausgebrauch	12.72	0.68	12.32	2.05	7.58 8.29
17	desgl.	12.12	0.68	4.76	2.24	
18	desgl.	12.46	0.76	11.20	2.80	10.36
19	desgl.	12.60	0.86	15.12	2.42	8.95
20	desgl.	13.62	0.64	17.96	2.80	10.36
21	desgl.	13.47	0.71	14.56	5.88	21.76
22	desgl.	16.05	0.78	25.85	11.48	42.50
23	desgl.	16.58	0.55	8.58	5.04	18.65

*) 1 engl. Pfund = 7000 Grains = 453.60 Gramm; 1 Grain = 0.0648 Gramm. [Anm. d. Uebers.]

einen süssen Geschmack an, was es der Umbildung der Stärke in Dextrin und Maltose verdankt.

Fett. — Das Mehl enthält ein ölartiges Fett, jedoch nur in geringer Menge und immer weniger, als die entsprechende Quantität des ganzen Korns.

Asche. — Der Aschengehalt des gewöhnlichen Mehls schwankt, wie aus nebenstehender Tabelle zu ersehen ist, von 0.35—0.86 Procent.

Die in dieser Tabelle angeführten Proben wurden auch sämmtlich auf Alaun geprüft, doch wurde in keiner derselben diese Verunreinigung gefunden.

Eine der bemerkenswerthesten Erscheinungen, welche sich bei Betrachtung dieser Resultate ergeben, sind die grossen Schwankungen, die sich in den aus der gefundenen Thonerde berechneten Alaunmengen zeigen, indem die Quantität derselben von 2.07—42.50 grains Ammoniakalaun auf je 4 Pfund Mehl*) schwanken. Ebenso variirt die Menge der Kieselsäure von 1.12—25.85 grains auf je 4 Pfund Mehl*); es ist indessen mit der Zunahme an Kieselsäure nicht auch ein entsprechendes Steigen des Thonerdegehalts verbunden und es scheint also keine bestimmte Beziehung zwischen diesen beiden Bestandtheilen zu bestehen, aus welcher ohne weiteren augenscheinlichen Beweis ein zuverlässiger Schluss auf einen Zusatz von Alaun zum Mehle gezogen werden könnte.

---

*) Die Menge des berechneten Ammoniakalauns schwankt also von 0.007—0.130%; die der Kieselsäure von 0.004—0.092%.

[Anm. d. Uebers.]

Die folgende Tabelle giebt die Zusammensetzung der Asche einer Probe des gewöhnlichen Mehls:

Tabelle V.

Bestandtheile			Procente
Gesammtasche des trockenen Mehls			0.74
Kali	berechnet auf	K_2O	15.62
Chlorkalium	„	„ KCl	2.12
Chlornatrium	„	„ NaCl	0.68
Magnesia	„	„ MgO	10.44
Kalk	„	„ CaO	5.26
Eisenoxyd	„	„ FeO	0.97
Thonerde	„	„ Al_2O_3	Spur
Manganoxyd	„	„ Mn_3O_4	Spur
Schwefelsäureanhydrid . .	„	„ SO_3	1.19
Phosphorsäureanhydrid . .	„	„ P_2O_5	60.58
Kieselsäure	„	„ SiO_2	1.36
Sand	„	„ —	1.78
Summa			100.00

Mikroskopischer Bau.

Der gemahlene Weizen enthält verschiedene, deutlich ausgesprochene Gewebeformen, welche aus der Schaale oder Rinde des Kornes herrühren. Die Schaale ist aus drei Membranen zusammengesetzt; die beiden ersteren bestehen aus verlängerten Zellen, welche von perlschnurartigen Schichten umgeben sind und sich mit einander kreuzen; sie sind in Fig. 7 bei A und B dargestellt. Die dritte Art des Gewebes, welche bei C zu erkennen ist, besteht aus abgerundeten oder etwas eckigen Zellen, welche Oelkügelchen und sehr kleine andere Körperchen in einem so feinen Zustande der Vertheilung enthalten, dass dieselben undurchsichtig erscheinen. Die das Gewebe der Schaale bildenden

Zellen werden von der Mitte des Kornes aus nach beiden Enden zu allmählich kleiner.

Daneben finden sich noch einzellige Haare, welche bei D dargestellt sind; sie sind auf der Schaale am Ende des Kornes angeheftet; ihre Grösse ist sehr verschieden, doch sind sie sämmtlich am Ende zugespitzt.*)

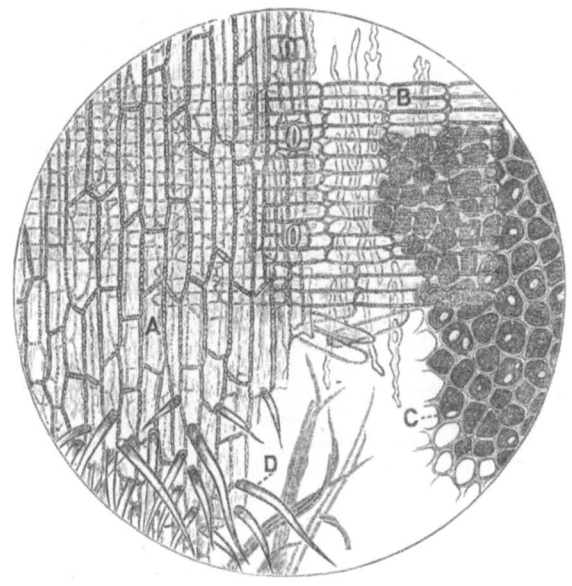

Fig. 7. — Schaale des Weizens. — 100fache Linearvergrösserung.

Das Innere des Kornes besteht hauptsächlich aus dickwandigen, mit Stärkekügelchen angefüllten Zellen; dieselben sind von eiweissartigen und anderen stickstoffhaltigen Massen umgeben, welche keine ausgesprochene Structur besitzen.

---

*) Auf die im Mehle sich findenden Haare der Fruchtschaale als das beste Unterscheidungsmerkmal zwischen Roggen- und Weizenmehl hat Wittmack (Sitz. Ber. d. botan. Vereins der Prov. Brandenburg XXIV, 1882, p. 4; siehe auch Pharm. Centr. H. 23, 407) zuerst

— 144 —

Die Stärkekügelchen des Weizens sind in Fig. 8 dargestellt. Ihre Grösse variirt von $1/10000 — 11/10000$ Zoll (0.0025—0.0279 Mm.) im Durchmesser. Jedes Kügelchen besitzt einen Nabel oder Centralfleck; bei starker Vergrösserung erscheinen die kleineren deutlich eckig. Manche der grösseren Kügelchen sind an einer Seite etwas abgeflacht und zeigen deutlich abgegränzte concentrische Ringe.

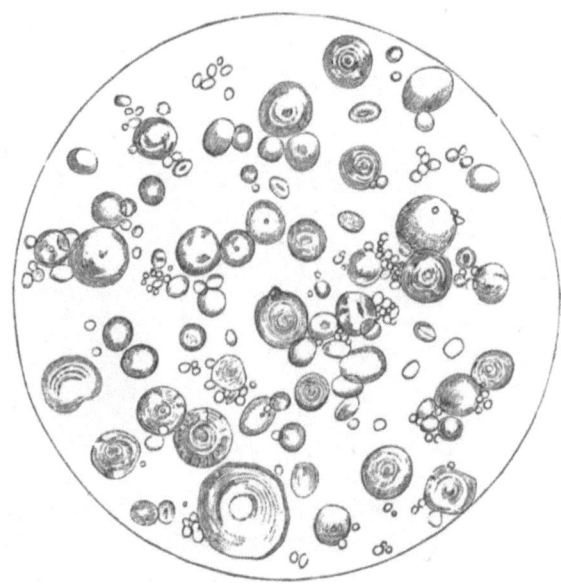

Fig. 8. — Weizenstärke. — 320 fache Linearvergrösserung.

hingewiesen. — Die Membran der Haare ist verholzt und bei den Weizenhaaren ziemlich stark, daher die für Holzstoff charakteristische intensive Gelbfärbung derselben durch schwefelsaures Anilin, während die dünne Membran der Roggenhaare eine bedeutend schwächere Färbung zeigt. — Gewiss liesse sich hier mit Vortheil auch die gleichfalls für Holzstoff charakteristische Rothfärbung durch Phloroglucin (s. Wiesner, Dingl. pol. J. 227, 397) verwerthen. — Zum leichteren Auffinden der Haare empfiehlt Wittmack die Anwendung des Polarisationsmikroskops; die Haare leuchten im dunklen Gesichtsfelde hell auf. —

[Anm. d. Uebers.]

Untersuchung.

Stärke. — Die Stärke wird aus der Menge der Glucose bestimmt, welche bei der Einwirkung von Schwefelsäure daraus gebildet wird. Zu diesem Zwecke werden 2 Gramm Mehl mit etwa 100 c. c. Wasser und 20 c. c. Normalschwefelsäure sechs Stunden lang in einem mit Rückflusskühler verbundenen Kolben gekocht; nach beendigter Umwandlung der Stärke in Zucker wird die Lösung mit Natronlauge neutralisirt, zu 500 c. c. aufgefüllt und die Menge der darin enthaltenen Glucose entweder volumetrisch oder gewichtsanalytisch mittelst einer Lösung von Kupfertartrat in der Theil I, S. 114 beschriebenen Art und Weise bestimmt.*) Nach Abzug des von vornherein im Mehle vorhanden gewesenen Zuckers ergiebt die Differenz die von der Stärke herrührende Quantität desselben, einschliesslich einer kleinen Menge, welche aus dem Dextrin und wahrscheinlich auch durch die Umbildung von Spuren fein zertheilter Cellulose entstanden ist. Da 90 Theile Stärke 100 Theile Glucose liefern, lässt sich aus der Letzteren die in dem Mehl vorhanden gewesene Menge der Stärke leicht berechnen. Wenn die Bestimmung der Stärke in dem Getreide selbst erforderlich erscheint, ist es rathsam, eine gewogene Menge des fein gepulverten Korns zehn Minuten lang mit Wasser, das mit 5 c. c. Normalschwefelsäure angesäuert ist, zu kochen, wodurch die Stärke zunächst löslich gemacht wird. Diese Lösung wird filtrirt und der zurückbleibende Antheil des Getreides gut mit heissem Wasser ausgewaschen, bis jede Spur Stärke daraus entfernt ist; sodann fügt man zu dieser Stärkelösung weitere 15 c. c. Normalschwefelsäure und setzt das Kochen sechs Stunden

---

*) Vergl. C. Faulenbach. Bestimmung der Stärke und des Traubenzuckers in Nahrungsmitteln mittelst Fehling'scher Lösung (Zeitschr. f. phys. Ch. 7, 510—522 und Ber. deutsch. Ch. Ges. 16, 1322).

[Anm. d. Uebers.]

lang, wie bei dem Mehl, fort, um sich der völligen Umwandlung der Stärke in Glucose zu versichern.

Cellulose. — Fünf Gramm Mehl oder fein gepulvertes Korn werden mit 100 c. c. Wasser, welches mit 10 c. c. Normalschwefelsäure angesäuert ist, zehn Minuten oder so lange gekocht, bis sämmtliche Stärke gelöst ist. Sodann wird eine grössere Quantität Wasser zugesetzt und der ungelöste Antheil der Substanz sich absetzen gelassen. Die Flüssigkeit wird dann abgegossen, der Rückstand auf ein Filter gebracht und gut mit heissem Wasser bis zur Entfernung der Stärke gewaschen; sodann wird er kurze Zeit mit Wasser, welches 10 c. c. Normal-Kalilauge enthält, digerirt, wodurch fast sämmtliche eiweissartige Substanzen gelöst werden. Nach dem Filtriren wird der Rückstand nochmals mit ungefähr 200 c. c. Wasser, welches mit Kalilauge schwach alkalisch gemacht ist, erwärmt, sodann auf ein gewogenes Filter gebracht, gewaschen, getrocknet und auf dem Filter gewogen. Schliesslich wird er eingeäschert und die Asche von dem Gewichte der gefundenen Cellulose in Abrechnung gebracht.

Zucker. — 10 Gramm Mehl oder fein gepulvertes Korn werden wiederholentlich mit Alcohol von 70 Procent digerirt; das Filtrat wird zu 300 c. c. aufgefüllt. Die Lösung wird zunächst direct auf Stärkezucker geprüft, doch ist das Resultat gewöhnlich ein negatives. Eine abgemessene Menge des Filtrates wird sodann mit 5 c. c. Normalschwefelsäure vier Minuten lang gekocht, darauf mit Natronlauge neutralisirt und mit einer Lösung von Kupfertartrat nach der Theil I, S. 114 beschriebenen Methode geprüft; aus dem Resultate wird die Menge des vorhandenen Zuckers, auf Rohrzucker bezogen, berechnet.

Stickstoffhaltige in Alcohol lösliche und darin unlösliche Bestandtheile. Zu dieser Bestimmung werden 10 Gramm

Mehl mit Alcohol von 70 Procent bei 60° völlig erschöpft; alsdann wird ein aliquoter Theil des Filtrates zur Trockne verdampft und der Rückstand gewogen. Eine bestimmte Menge dieses Rückstandes wird mit Kupferoxyd verbrannt und das Gewicht des erhaltenen Stickstoffs mit dem Coefficienten 6,3*) multiplicirt; das Product ergiebt die Quantität der vorhandenen leimartigen Substanzen. — Das nach der Behandlung mit Alcohol zurückbleibende Mehl wird getrocknet und in einer gewogenen Menge desselben gleichfalls der Stickstoff bestimmt; aus diesem wird der Gehalt an Albumin und Fibrin, wie oben, berechnet.

Albumin. Obgleich es aus den S. 121 entwickelten Gründen nicht für zweckmässig gehalten wurde, die Trennung der verschiedenen stickstoffhaltigen Bestandtheile des Mehls zu unternehmen, mag es doch nützlich erscheinen, wenigstens die Mittel anzugeben, durch welche dieselben annähernd isolirt werden könnnen.

Zur Bestimmung des Albumins werden 20 Gramm Mehl mit Wasser von gewöhnlicher Temperatur gut durchgeschüttelt; nach dem Absetzen des ungelöst gebliebenen Antheils wird die klare Flüssigkeit abgegossen und filtrirt. Diese Operation wird mit einer neuen Menge Wasser wiederholt; die Filtrate werden vereinigt und aufgekocht, wobei sich das Albumin in flockigen Massen abscheidet; nach dem Abfiltriren und gutem Auswaschen wird es von dem anhängenden Fett und anderen Substanzen durch Digestion mit kochendem Alcohol und Aether befreit.

Roher Kleber. Dieser Körper ist ein unreines Gemisch von Gliadin, Mucin und Fibrin; er wird in Form einer teigartigen Masse erhalten, wenn man die Stärke, das lösliche Albumin, den Zucker etc. aus dem Mehle unter Wasser ausknetet. Es sind dazu verschiedene Methoden an-

---

*) S. Note S. 18.

gegeben worden, doch bleibt der einfachste Weg der, dass man eine gewogene Menge Mehl mit ein wenig Wasser zu einem Teig zusammenmischt und denselben sodann in einem dünnen leinenen Tuche unter einem schwachen Wasserstrahle durchknetet, bis alles Stärkemehl und alle löslichen Substanzen entfernt sind. Das erhaltene Product wird in eine dünne Schicht ausgebreitet, im Wasserbade getrocknet und gewogen. Der so erhaltene rohe Kleber enthält noch 1—1$^1/_2$ Procent Fett und unorganische Substanzen.

Gliadin und Mucin. Nach der von Ritthausen vorgeschlagenen Methode wird der auf obige Weise erhaltene, rohe, noch ungetrocknete Kleber mehrere Mal mit kochendem Alcohol von 80 Procent behandelt; nach jedesmaligem Ausziehen wird rasch filtrirt. Von den Filtraten, welche sich beim Erkalten schon durch Abscheidung von Mucin trüben, wird die Hälfte des Alcohols abdestillirt; aus der rückständigen Flüssigkeit setzt sich beim Erkalten eine beträchtliche Menge des Mucins in Flocken ab. Der gesammelte Niederschlag wird durch Lösen in Alcohol von 50 Procent, Filtriren der heissen Lösung durch Baumwolle und Abscheidenlassen aus der erkalteten Flüssigkeit gereinigt. Er ist alsdann von durchscheinendem, flockigem Ansehen und schwach gefärbt. Die alcoholische, von dem Mucin abfiltrirte Solution enthält das Gliadin, doch muss dasselbe noch von einer kleinen Beimengung von Mucin befreit werden. Dies wird durch Verdampfen des Alcohols auf dem Wasserbade erreicht, wodurch das Mucin unlöslich wird. Das Gliadin wird sodann durch Behandeln des Rückstandes mit Alcohol oder Essigsäure gelöst und durch Verdampfen des Filtrates zur Trockne rein erhalten.

Fibrin. Dieser Körper wird beim Behandeln des rohen Klebers mit kochendem Alcohol von 80 Procent in oben beschriebener Weise als unlöslicher Rückstand gewonnen.

Cerealin. Dasselbe findet sich, wie bereits an anderem Orte bemerkt, vorzugsweise in den Saamenschalen des Weizens und ist daher im gewöhnlichen Mehl nur in geringer Menge enthalten.

Zu seiner Darstellung digerirte Mège-Mouriès die Kleie wiederholt mit verdünntem Alcohol, bis aller Zucker, Dextrin und die löslichen Albuminoide entfernt waren. Der Rückstand wurde sodann mit Wasser behandelt, welches das Cerealin löste; dasselbe blieb schliesslich nach dem Verdampfen der Lösung bei niederer Temperatur in amorphem Zustande zurück.

Fett. 4 Gramm Mehl werden getrocknet und wiederholentlich mit Aether behandelt, bis das Fett ausgezogen ist. Die Filtrate werden in einem tarirten Becherglase verdampft und der Rückstand gewogen.

Asche. 10 Gramm Mehl werden in einer Platinschaale eingeäschert: die zurückbleibende, weiss gebrannte Asche wird sodann gewogen. Die aus gewöhnlichem Mehl erhaltene Aschenmenge sollte nicht über 1 Procent betragen.

Verfälschungen.

Es sind von Zeit zu Zeit verschiedene Substanzen, sowohl pflanzlichen als thierischen Ursprunges, als Verfälschungen des Mehles aufgefunden worden; die hauptsächlichsten derselben sind Bohnen-, Erbsen-, Roggen-, Gersten- und Reissmehl; ferner Alaun, Kalk, Gyps, Seifenstein (ein Magnesiumsilicat) und Magnesiumcarbonat.

Die meisten dieser fremden Zusätze werden jetzt nur verhältnissmässig selten angetroffen und seit dem Erscheinen der „Food and Drugs Act" im Jahre 1875 war der Alaun das einzige, von den Sachverständigen in England beobachtete Fälschungsmittel.

Die meisten der erwähnten vegetabilischen Beimengungen können leicht mittelst des Mikroskopes durch die Grösse und Gestalt der Stärkekörner erkannt werden. Für die Roggenstärke sind die abgestutzten Ränder und der sternförmige Einschnitt der grösseren Kügelchen sehr charakteristisch. Die Stärke der Gerste, deren Körnchen genau denen des Weizens gleichen, ist indessen schwerer zu identificiren und darf die Erkennung des Gerstenmehls nicht allein auf die mikroskopische Beobachtung der Stärkekügelchen begründet, sondern muss durch die möglicher Weise im Mehl aufgefundenen Schaalenreste bestätigt werden. Die Abbildungen der Stärkearten und Rindenschichten der Cerealien, wie sie Seite 159—165 gegeben sind, werden zur Erkennung derartiger Beimischungen im Mehl von Nutzen sein.

Die mineralischen Verfälschungen des Mehls sind verhältnissmässig leicht zu entdecken. Die Quantität der Asche giebt alsbald einen Anhalt, ob derartige Substanzen behufs Vermehrung des Gewichts zugesetzt worden sind. Von dem Alaun ist indessen die Menge, welche zur Erreichung des dabei angestrebten Zweckes erforderlich ist, so gering, dass das Quantum der Asche keinen sicheren Anhaltspunkt für seine Gegenwart abgiebt. Man besitzt indessen andere, hier mit Vortheil anzuwendende Methoden, selbst wenn die Quantität des zugesetzten Alauns so gering ist, dass nur 1 grain auf das Pfund kömmt.*)

Die eine dieser Proben gründet sich auf die wohlbekannte Eigenschaft der Thonerde, dass sie mit dem Farbstoffe des Blauholzes einen violetten oder lavendelblau gefärbten Lack bildet. Diese leicht auszuführende Methode hat uns bei der Prüfung des Mehls auf Alaun, falls derselbe überhaupt darin vorhanden war, niemals im Stich gelassen; sie muss jedoch unter gewissen Vorsichtsmassregeln angestellt werden, deren Vernachlässigung das Fehlschlagen

---

*) Also bei Gegenwart von nur 0.014%. [Anm. d. Uebers.]

der Reaction in der Hand einiger Analytiker allein zugeschrieben werden kann. Die zu diesem Zwecke erforderlichen Reagentien sind frisch bereitete Blauholztinctur und eine Lösung von Ammoniumcarbonat. Die erstere wird durch Digeriren von 5 Gramm Blauholzspähnen mit 100 c. c. starkem Alcohol, die Letztere durch Lösen von 15 Gramm Ammoniumcarbonat in 100 c. c. destillirten Wassers bereitet. Die Prüfung selbst wird folgendermassen ausgeführt: Etwa 5 Gramm Mehl werden mit 5 c. c. Wasser zu einem Teig angerührt; zu dieser Paste wird 1 c. c. des Blauholzauszuges gemischt und unmittelbar darauf 1 c. c. der Ammoniumcarbonatlösung zugesetzt. Die bei Gegenwart von Alaun erzeugte Nüance ist je nach der Menge desselben mehr oder minder lavendelfarben oder blau; wenn die Farbe des Gemisches jedoch blassroth erscheint und schnell zu einem schmutzigen Braun verschiesst, so ist nach unseren Versuchen auch sicher kein Alaun vorhanden. Sollte sich irgend ein Zweifel über die Art der Färbung erheben, so wird der Teig einige Stunden lang bei Seite gestellt und es zeigt sich alsdann selbst bei Gegenwart sehr geringer Mengen Alaun noch eine deutlich lavendelblaue Färbung, besonders an den Rändern der zum Theil eingetrockneten Paste. Eine annähernde Bestimmung der Quantität des vorhandenen Alauns kann durch vergleichende Versuche mit Mehl, zu welchem verschiedene Quantitäten einer Alaunlösung von bekanntem Gehalt gesetzt wurden, nach der Intensität der erzeugten Lavendel- oder Blaufärbung vorgenommen werden. So schätzenswerth indessen auch die Blauholzprobe zum Nachweise des Alauns ist, so darf doch das Entstehen einer lavendelblauen Tingirung nicht als bündiger Beweis für die Anwesenheit von Alaun oder eines anderen löslichen Thonerdesalzes angesehen werden, wenn sich nicht weitere sichere Anhaltspunkte dafür finden; denn gewisse andere Salze, besonders die der Magnesia, bringen mit Blauholzauszug eine ähnliche, wenn auch nicht so beständige Färbung hervor.*)

Ein leichtes Verfahren, den Alaun und andere Mineralsubstanzen aus dem Mehl abzuscheiden, besteht darin, dass man dasselbe in einem sogenannten Separator (Scheidetrichter) mit Chloroform schüttelt und die Mineralsubstanz sich absetzen lässt.**) Man wendet auf 4 Unzen Mehl etwa 10—12 Maassunzen Chloroform an und bringt dasselbe durch Schütteln mit allen Theilchen des Mehls in Berührung. Beim Stehen steigt alsdann das Mehl an die Oberfläche der Flüssigkeit, während die fremde Mineralsubstanz sich zu Boden setzt und durch den Hahn abgelassen werden kann. Durch Wiederholung des Schüttelns und Absetzenlassens kann noch eine weitere kleine Menge der Mineralstoffe erhalten werden, indem man Sorge trägt, das gebildete Sediment vor dem Ablassen nicht aufzurühren. Die so erhaltene Mineralsubstanz wird durch weitere ein- bis zweimalige Behandlung mit Chloroform in einem kleineren Separator gereinigt, alsdann bei niederer Temperatur getrocknet und gewogen. Man untersucht sie zunächst unter dem

---

*) Zum qualitativen Nachweis von Alaun lässt Winter-Blyth (The Analyst VIII, 16 u. Ber. deutsch. chem. Ges. 15, 1349) in dem kalten, wässrigen Auszuge des Mehls oder Brodes ein Stück Gelatine quellen und färbt dieses mit Campecheholz-Auszug; die bei Anwesenheit von Alaun hervorgerufene blaue Farbe ist beim Aufbewahren unter Glycerin beständig. — Wittmack empfiehlt zur Prüfung einen Auszug von Cochenille mit Essigsäure: unverfälschtes Mehl oder Brod färbt sich damit orangeroth, mit Alaun versetztes schön carminroth.
[Anm. d. Uebers.]

**) Die Chloroform-Methode wurde zuerst (1858) von Cailletet (Dingl. pol. J. 149, 467) angegeben, später von Dupré, Rakowitsch und Himly empfohlen und verbessert. — Hager fügt, nachdem das Mehl sich an der Oberfläche der Flüssigkeit gesammelt hat, ein wenig Salzsäure hinzu, wodurch es sich in eine gelatinöse Masse verwandelt, so dass die Flüssigkeit mit dem Bodensatz leichter abgelassen werden kann. — Andere Autoren empfehlen statt des Chloroforms Chlorzink- oder Bromkaliumlösung. [Anm. d. Uebers.]

Mikroskop, um sich zu überzeugen, ob darin irgend welche Schaalenreste oder Stärkekörner vorhanden sind und ob eine körnige oder krystallinische Beschaffenheit irgend einen Anhalt über ihre Natur geben kann. Der Rest wird darauf zunächst mit kaltem Wasser, alsdann mit sehr verdünnter Salzsäure erschöpft, gewaschen, eingeäschert und gewogen. Der Rückstand kann Sand, Thon und andere mechanische Verunreinigungen enthalten, welche aus dem Boden oder von den Mühlsteinen herrühren, oder auch andere unorganische, dem Mehle zugesetzte Substanzen. Der neutralisirte salzsaure und ein Theil des wässrigen Auszugs werden der Blauholzprobe unterworfen; falls dadurch die Gegenwart von Thonerde angezeigt wird, so bestimmt man in dem Reste des wässrigen Auszuges die Schwefelsäure als Baryumsulfat, und kann aus der Menge der Schwefelsäure, vorausgesetzt, dass kein anderes lösliches Sulfat vorhanden ist, ziemlich annähernd die Quantität des zugesetzten Alauns berechnet werden.

Bestimmung des Alauns. — Es sind zu der quantitativen Bestimmung des Alauns im Mehl und im Brod verschiedene Verfahren vorgeschlagen worden; dieselben unterscheiden sich meist nur durch die Verschiedenartigkeit in der Bestimmung der Thonerde; gewöhnlich geschieht dieselbe in der Form des Aluminiumphosphats. Wir haben verschiedene Methoden versucht und die von Dupré vorgeschlagene mit der nachstehend beschriebenen Modification als die zuverlässigste befunden. Hundert Gramm Mehl oder Brodkrume werden in einer Platinschaale über der Bunsenschen Flamme sorgfältig eingeäschert, bis die Asche nahezu weiss erscheint. Sodann wird etwa das vierfache Gewicht der Asche eines Gemisches von Kalium- und Natriumcarbonat, das zuverlässig frei von Thonerde ist, zugemengt, und das Ganze bis zum völligen Schmelzen erhitzt. Die Masse wird alsdann in einem Ueberschuss von Salzsäure gelöst, die Lösung zur Trockne verdampft und der Rückstand noch etwas über 100° erhitzt, um die Kieselsäure völlig unlöslich zu machen. Darauf wird der Rückstand mit verdünnter Salzsäure auf's Neue erwärmt, die Lösung filtrirt und die zurückbleibende Kieselsäure auf dem Filter ausgewaschen, getrocknet, eingeäschert und gewogen. — Zu dem Filtrate fügt man Ammoniak, bis ein schwacher bleibender Niederschlag entsteht, der darauf wieder durch ein paar Tropfen starker Salzsäure in Lösung gebracht wird. Alsdann wird Ammoniumacetat in geringem Ueberschuss zugesetzt, und, falls in der essigsauren Lösung ein Niederschlag erzeugt wird, das Gemisch darauf erhitzt, einige Minuten lang im Kochen erhalten und sodann einige Stunden lang der Ruhe überlassen. Falls der entstandene Niederschlag beim Kochen körnig wird oder sich dabei noch erheblich vermehrt, wie es mitunter der Fall ist, so ist es erwiesen, dass Calcium- und Magnesiumphosphat mit niedergefallen sind; der Niederschlag muss alsdann abfiltrirt, in einer kleinen Menge Salzsäure gelöst, erhitzt und auf's Neue, wie vorher, durch Ammoniumacetatlösung abgeschieden werden. Sodann wird er abfiltrirt, gewaschen und wiederum in einer kleinen Menge Salzsäure gelöst. Diese Lösung wird darauf noch einige Minuten lang mit etwa 5 Grain (3 Dcg.) Natriumbisulfit und darauf einige weitere Minuten lang unter Zusatz eines Ueberschusses von reinem Natriumhydrat gekocht. Der jetzt entstandene Niederschlag von Eisenhydroxyd wird abfiltrirt und das Filtrat schwach mit Salzsäure angesäuert. Dann wird Ammoniumacetat in geringem Ueberschuss zugesetzt, die Flüssigkeit zum Kochen erhitzt und darauf einige Stunden lang stehen gelassen. Der entstandene Niederschlag, der jetzt aus reinem Aluminiumphosphat besteht, wird gewaschen, getrocknet, eingeäschert und gewogen. Das Gewicht desselben ergiebt durch Multiplication mit 3.873, resp. 3.702 die Mengen von Kali- resp. Ammoniakalaun, welche der Gesammtmenge der Thonerde in den angewandten 100 Gramm Mehl oder Brod entsprechen. Bevor man das erhaltene Resultat als definitives annimmt, sollte man den Niederschlag nochmals prüfen, ob er auch aus reinem Aluminiumphosphat besteht.

Bei dem ursprünglich vorgeschlagenen Verfahren wurde das Aluminiumphosphat in der Kälte gefällt, doch ergab sich bei unseren Versuchen mit Mehl, welches bekannte Mengen Alaun enthielt, dass nicht die Gesammtmenge der Thonerde, welche dem Alaun entspricht, in der Kälte abgeschieden wurde, auch dann nicht, wenn man das Gemisch über Nacht hatte stehen lassen; und dass eine gewisse, in Lösung gebliebene Quantität derselben nachträglich durch Kochen gefällt werden konnte. Allerdings ist bei dem letzteren Verfahren mehr Gefahr vorhanden, dass der Niederschlag anfangs etwas Calcium- und Magnesiumphosphat enthält, doch wird diesem Umstand durch Wiederholung der Fällung bei Gegenwart freier Essigsäure und die darauf folgende Behandlung des Niederschlages mit reinem Natriumhydrat vorgebeugt.

Ein anderes, bedeutend einfacheres Verfahren zur quantitativen Bestimmung des Alauns im Mehl oder Brod ist von Wanklyn vorgeschlagen worden. Es gründet sich auf die angeblich völlige Löslichkeit der Erdphosphate in einem Ueberschuss kochender Essigsäure und der etwa dabei entstehende Niederschlag soll nur aus Aluminium- und Eisenphosphat bestehen; wir erhielten jedoch bei unseren Versuchen auf diese Weise meist viel zu hohe Resultate.

Alles Weizenmehl und Brod enthält auch kleine Mengen Thonerde in der Form des Aluminiumsilicats, wofür bei Berechnung des etwa vorhandenen Alauns eine Correction angebracht werden muss. Einige analytische Chemiker haben die Praxis befolgt, einen Abzug von 10 grains (0.648 grm.) auf je 4 Pfund (1816 grm.) Mehl*) zu machen, doch haben die Untersuchungen von uns und Anderen gezeigt, dass diese Quantität nicht für alle Fälle ausreichend ist und dass manche Mehlsorten so viel Thonerde in der

---

*) also 0.035%. [Anm. d. Uebers.]

Form ihres Silicates enthalten, dass dieselbe mehr als 40 grains Alaun in 4 Pfund Mehl (2.592 grm. in 1816 grm. Mehl)**) entspricht. Ueberhaupt kann für die Grösse dieser Correction, welche für die naturgemäss oder durch Zufall im Mehl vorhandene Thonerde anzubringen ist, kaum eine feste Normalzahl aufgestellt werden, da, in Folge der veränderlichen Natur des Ackerbodens, das Verhältniss zwischen Kieselsäure und Thonerde kein constantes ist. Der Chemiker sollte daher nicht nur die relativen Mengen der erhaltenen Kieselsäure und Thonerde, sondern auch die durch die Blauholzprobe gegebenen Fingerzeige in Erwägung ziehen.

Es werden in England einige Sorten Weizen, namentlich der Aegyptische, eingeführt, welche eine beträchtliche Menge erdiger Substanzen enthalten. Bei zwei von uns untersuchten Proben ägyptischen Weizens fanden sich ausser der erdigen Substanz, welche den Körnern anhaftete, auch noch 3.3, resp. 3.7 Procent kleiner Steine. Beim Schütteln der Proben mit Wasser wurde die Hauptmenge der erdigen Substanzen abgesondert, und das Wasser trübte sich stark; doch blieb noch ein Theil der Ersteren in den Vertiefungen der Körner zurück. Nach Entfernung der kleinen Steine wurden die Proben sowohl vor, als nach dem oben erwähnten Waschen auf Kieselsäure und Thonerde untersucht und nachstehende Resultate erhalten:

Aegyptischer Weizen	Vor dem Waschen			Nach dem Waschen		
	Procentgehalt an			Procentgehalt an		
	Kieselsäure	Aluminiumphosphat	Entsprechend Menge Ammoniakalaun	Kieselsäure	Aluminiumphosphat	Entsprechend. Menge Ammoniakalaun
Nr. 1	0.092	0.028	0.104	0.044	0.008	0.029
Nr. 2	0.083	0.028	0.104	0.050	0.010	0.036

**) also 0.142%. [Anm. d. Uebers.]

Wenn dem Mehle Alaun zugesetzt wird, so geschieht dies meist, um dadurch eine schlechtere Qualität des Mehles zu verdecken, da der Alaun, selbst bei Zusatz von kleineren Mengen, die merkwürdige Eigenschaft besitzt, die Farbe und das allgemeine Aussehen des aus solchem Mehl bereiteten Brodes zu verbessern. Die Art und Weise seiner Wirkung ist noch nicht völlig aufgeklärt; die Effecte, die er hervorbringt, sind: erstens ein Verlangsamen der Zersetzung der stickstoffhaltigen Bestandtheile des Mehls, sowie auch die Verhinderung ihrer zu rapiden Einwirkung auf die Stärke; und zweitens das Beschleunigen der Erhärtung des Klebers, wodurch die Porosität des Brodes vermehrt und demselben ein weisseres Ansehen gegeben wird.

Aus der Tabelle auf Seite 140 ist ersichtlich, dass die Menge der Asche im gewöhnlichen Mehl von $0.35 - 0,86 \%$ schwankt; falls sie 1% übersteigt, so liegt der augenscheinliche Beweis für eine zufällige oder absichtliche Beimengung unorganischer Substanzen vor. Die qualitative Prüfung der Asche auf ihre Löslichkeit in Wasser und in verdünnter Salzsäure unter Aufbrausen wird leicht Aufschluss über ihre Natur verschaffen. Falls ein grösserer Antheil der Asche sich als unlöslich in verdünnter Salzsäure zeigt, so schmelze man denselben mit Alkalicarbonat und überzeuge sich durch die Untersuchung der Schmelze, ob er aus mehr zufällig hineingekommenem Sand oder Thon besteht, oder ob Gyps (Calciumsulfat), Schwerspath (Baryumsulfat) oder Seifenstein (ein Magnesiumsilicat) dem Mehle zugesetzt waren. Nöthigenfalls kann eine grössere Menge des Productes zur quantitativen Bestimmung des gefundenen Fälschungsmittels eingeäschert werden; oder man kann einen Theil des Mehls mit Chloroform schütteln, wie Seite 152 beschrieben, wonach man die fremden Mineralsubstanzen in dem Sediment finden wird.

Mikroskopische Prüfung.

Die Prüfung des Weizenmehls unter dem Mikroskop ist zur Entdeckung seiner etwaigen Verfälschung mit einem anderen fremden Getreidemehl oder mit Bohnen- oder Erbsenmehl die zuverlässigste. Ein wenig Uebung in der Prüfung der verschiedenen Stärkesorten setzt den Untersuchenden in den Stand, die meisten derselben leicht zu charakterisiren.

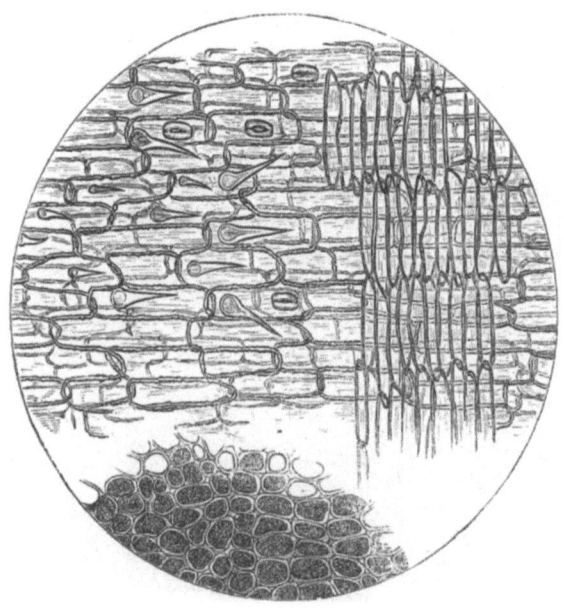

Fig. 9. — Gerstenschaale. — 100fache Linearvergrösserung.

Wo indessen die Stärkesorten so ähnlich und so schwer von einander zu unterscheiden sind, wie es bei der Weizen- und Gerstenstärke der Fall ist, gelingt es mitunter noch, einige Bruchstücke von dem Gewebe oder der Schaale des Kornes aufzufinden, durch welche die Gegenwart des vermutheten fremden Mehles bestätigt werden kann.[*]

---

[*] Zur Isolirung der charakteristischen Gewebefragmente empfiehlt Steenbusch (Ber. d. D. chem Ges. 14, 2449), aus der ver-

Gerstenmehl. — Die Schaale der Gerste ist aus fünf Membranen oder Geweben zusammengesetzt; die ersteren Beiden sind in Fig. 9, die übrigen drei in Fig. 10 abgebildet. Das äussere Gewebe besteht aus langen, schmalen Zellen, mit deutlich ausgeprägten, sägeartig eingeschnittenen Rändern; in den Zellen findet sich Kieselsäure in Form von kleinen runden, abgeflachten Scheiben abgeschieden. Unmittelbar unterhalb dieser Membran befinden sich mehrere Reihen spiralförmigen Gewebes, welches sich durch die ganze

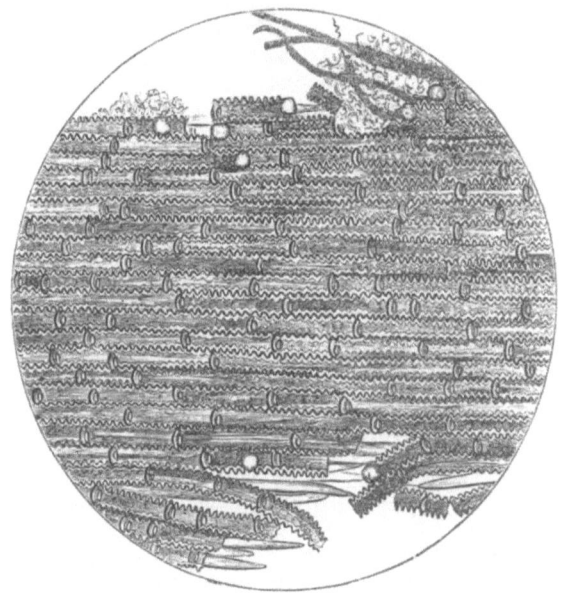

Fig. 10 — *Gerstenschaale.* — *100fache Linearvergrösserung.*

kleisterten Mehlprobe durch Einwirkung eines filtrirten Malzauszuges bei 55—60° die Stärke zu lösen und darauf durch kurze Digestion mit einer 1 procentigen Natronlauge die Eiweissstoffe zu entfernen; die Gewebefragmente bleiben in einer zur Untersuchung geeigneten Form zurück. — Ueber die charakteristische carminrothe Färbung der Structurelemente („Leitfragmente") durch Cochenille, besonders bei Gerste und Weizen s. Tomaschek, Pharm. Centr. H. 23, 406.

Ueber die intensiv gelbe Färbung der Roggenschaale gegenüber der Weizenschaale durch schwefelsaures Anilin s. bei Wittmack, Anleitung etc. p. 40. [Anm. d. Uebers.]

Länge des Kornes zieht. Die zweite Schicht besteht aus langen dünnen verholzten Zellen mit zugespitzten Enden. Das dritte Gewebe (Fig. 10) ist aus einer doppelten Lage grosser rechtwinkliger Zellen zusammengesetzt, deren Ränder rosenkranzartig eingeschnitten sind, wenn auch nicht so deutlich als bei der entsprechenden Membran der Weizenschale. Das vierte Gewebe ist aus schmalen, verlängerten

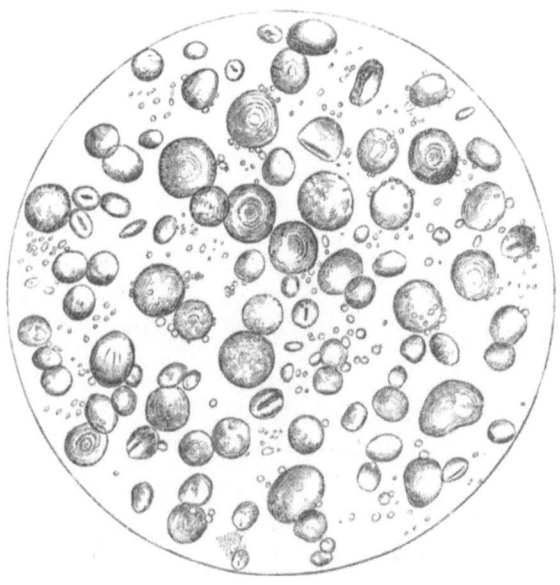

Fig. 11. — Gerstenstärke. — 320fache Linearvergrösserung.

Zellen gebildet, welche kreuzüber zu denen der dritten Membran liegen. Die fünfte oder innerste Membran besteht aus abgerundeten Zellen, welche mit einer sehr fein zertheilten Substanz angefüllt sind. Ferner findet sich in dem Gerstenmehl noch eine Anzahl kurzer, dicker, dornförmiger Haare, welche an dem Ende der Hülse eines jeden Kornes angeheftet sind und welche leicht identificirt werden können.

Die Stärkekörnchen der Gerste sind in Fig. 11 dargestellt: sie haben im Allgemeinen dieselbe Grösse und Form, wie die des Weizens, sind aber von etwas mehr unregelmässiger Gestalt; auch zeigen einige der grösseren Kügelchen deutlicher markirte concentrische Ringe. Die Grösse der Körnchen schwankt von 0.0001—0.0011 Zoll (0.0025—0.0279 Mm.) im Durchmesser.

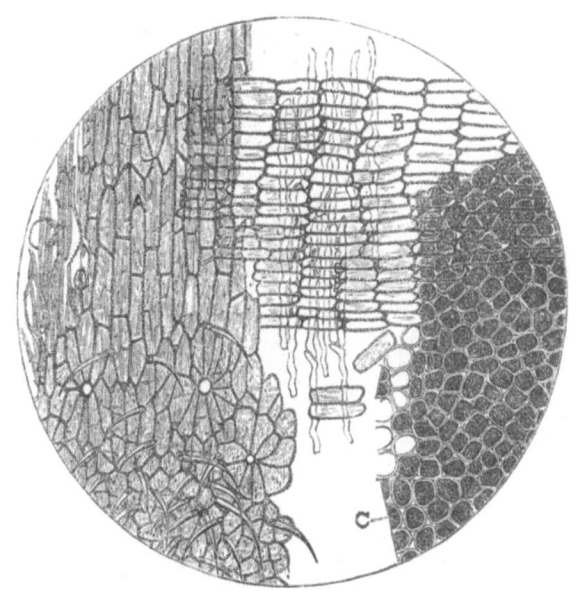

Fig. 12.
Schaale des Roggenkorns. — 100fache Linearvergrösserung.

Roggen. — Die Schaale des Roggens ist aus drei Membranen zusammengesetzt, die genau den entsprechenden Geweben des Weizens gleichen. Das erste oder äussere Gewebe ist bei A, das zweite bei B, das dritte bei C in Fig. 12 dargestellt. Die Zellen der beiden Gewebe A und B sind verlängert und haben perlschnurförmige Ränder; die Zellen des Letzteren liegen kreuzweise zu denen des

Ersteren. Unmittelbar unterhalb der äusseren Membran, längs der Furche an der unteren Seite des Korns, findet sich ein sehr feines Spiralgewebe. An einem Ende des Korns sind einzellige zugespitzte Haare an die Schaale angeheftet, welche kürzer als die beim Weizen sich findenden sind.

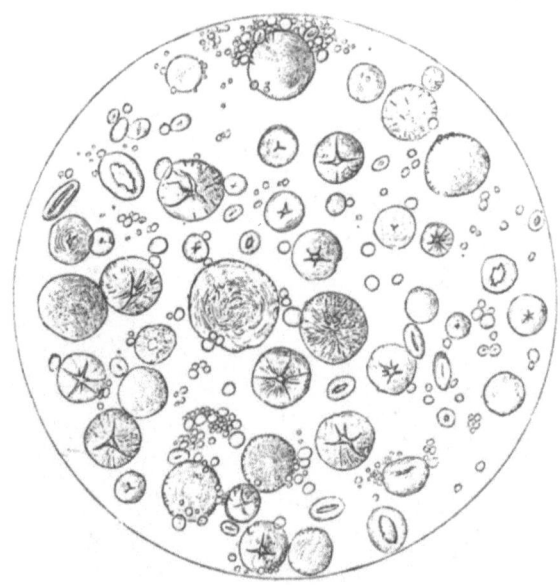

Fig. 13. — *Roggenstärke.* — *320fache Linearvergrösserung.*

Das mikroskopische Bild der Roggenstärke ist in Fig. 13 dargestellt. Die Körnchen sind grösser, als beim Weizen und bei der Gerste und fast von rein kreisförmiger Gestalt; sie haben ein abgeplattetes Ansehen und eine zerrissene Oberfläche. Die Mehrzahl derselben zeigt auch ein sternförmiges Hilum und bei Einigen bemerkt man Linien oder Furchen, die vom Centrum aus divergiren und sich bis zum Rande des Körnchens erstrecken.

Reiss. — Die Körnchen dieser Stärkeart sind in Fig. 14 dargestellt; sie sind bei allen im Handel vorkommenden Stärkesorten am kleinsten und schwanken in der Grösse von 0.0001—0.0003 Zoll (0.0025—0.0076 Mm.) im Durchmesser. Sie sind meist fünf- bis vieleckig und mit einem ausserordentlich kleinen, meist nicht zu erkennenden Einschnitt versehen.*)

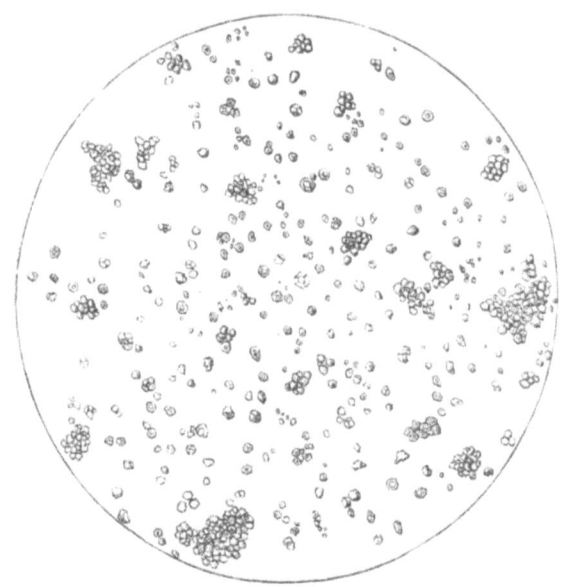

Fig. 14. — *Reissstärke.* — *320fache Linearvergrösserung.*

---

*) E. Geissler (Pharm. Central H. 1881, 248) beobachtete eine Verfälschung des Roggenmehls mit Maismehl; das Product fühlte sich sandig an und knirschte zwischen den Zähnen. Die Maispartikelchen, die wegen ihres hohen Fettgehaltes wahrscheinlich schwer ganz fein zu mahlen sind, liessen sich durch Abschlämmen isoliren und mikroskopisch erkennen.

Verdorbenes Maismehl soll giftige Substanzen enthalten, welche Ursache der Pellagra (Mailändischen Rose) sind (vergl. Hager Erg. B. z. Pharm. Prax. u. Husemann, Pharm. Zeit. 1879. Nr. 46.)

Bohnen- und Erbsenstärke. — Das Aussehen dieser Stärkesorten unter dem Mikroskop ist in Fig. 15 und 16 dargestellt. Dieselben sind ihrer äusseren Erscheinung so ähnlich, dass sich die gleiche Diagnose auf Beide anwenden lässt. Die Körnchen sind länglich-oval, von unregelmässig-nierenförmiger Gestalt; die meisten derselben zeigen eine längliche Höhlung, die nach der Längsausdehnung eines jeden Körnchens verläuft und von welcher mitunter Furchen nach beiden Seiten zu abgehen, wodurch der Oberfläche ein zerrissenes Ansehen ertheilt wird.

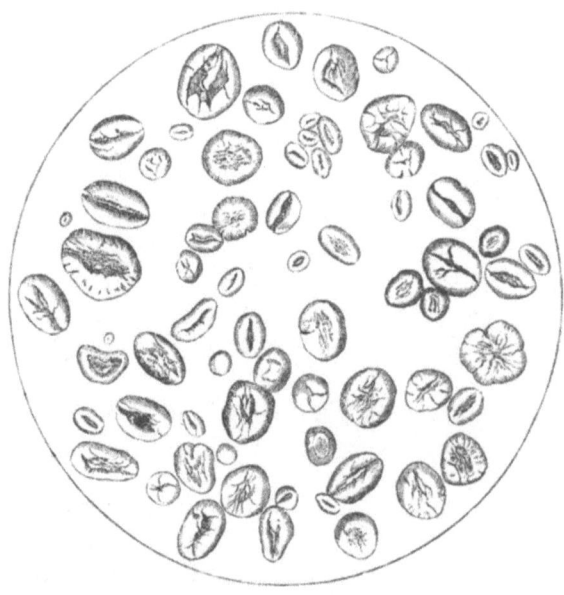

Fig. 15. — *Bohnenstärke.* — *320fache Linearvergrösserung.*

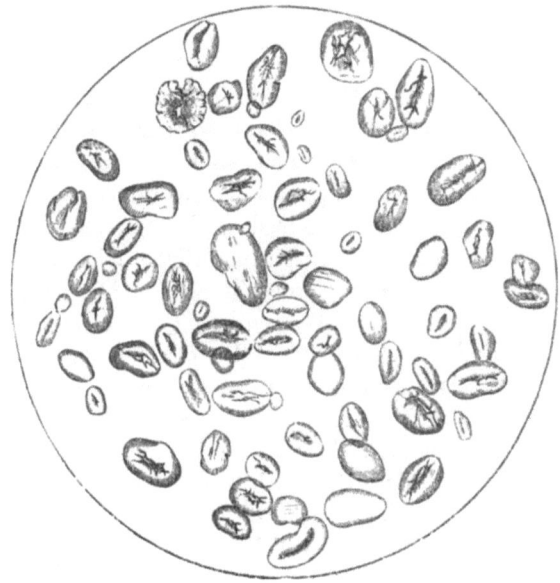

Fig. 16. — Erbsenstärke. — 320fache Linearvergrösserung.)

*) Zur Prüfung des Mehls auf Verunreinigungen mit andern Mehlsorten im Allgemeinen wird in Biedermanns Centralblatt (11, 69) empfohlen, das Mehl mit Alcohol zu erwärmen, welcher 5 Procent Salzsäure enthält: bei reinem Weizen- oder Roggenmehl bleibt der Alcohol farblos, bei Gegenwart von Gersten- oder Hafermehl färbt er sich blassgelb, bei Kornrade oder Taumellolch orange, bei Wicken und Bohnen purpurroth, bei Mutterkorn blutroth.

Ueber das Vorkommen der Saamen des Ackerwachtelweizens (Melampyrum arvense) im Getreide und die blauschwarze oder violette Färbung des daraus bereiteten Brodes vergl. C. Hartwich; Arch. d. Pharm. 14. Bd. 1880; p. 269. [Anm. d. Uebers.]

BROD.

Beschreibung. — Der Ausdruck „Brod" wird für verschiedene Lebensmittel des Menschen angewandt, die dadurch bereitet werden, dass man feines oder gröberes Mehl mit Wasser zu einem Teige zusammenmischt, welcher, je nach dem Geschmack verschiedenartig geformt und mehr oder weniger verdickt, durch natürliche oder künstliche Wärme gebacken oder getrocknet wird. Die dazu angewandten Cerealien sind Weizen, Roggen, Gerste, Hafer, Mais und Reiss; doch ist von Allen der Weizen für diesen Zweck am geeignetsten und wird — wenigstens in England — auch meistentheils dazu benutzt. Der dem Brode ertheilte Name ändert sich mit dem des angewandten Mehls und je nachdem dasselbe vorher mehr oder weniger von den Hülsen und anderen Beimengungen befreit wurde; auch je nachdem das Backen des Teiges im gesäuerten oder ungesäuerten Zustand erfolgte.

Das ungesäuerte Brod bereitet man durch Anrühren des gemahlenen Korns — mit oder ohne Kleie — mit Wasser zu einem Teige, dem etwas Salz zugefügt und der alsdann zu Kuchen gebacken wird. Auf diese Weise werden die **Osterkuchen** (Matzes) der Juden, die **Hafer-** und die **Erbsenmehlkuchen** (bannocks) in Schottland, das **Maisbrod** in Amerika und die **Schwadenkuchen** (dampers) in Australien erhalten. Diese Art Brod hat den Vortheil, dass es leicht und schnell herzustellen ist; doch ist es weich und weniger leicht verdaulich, als gesäuertes Brod, besonders wenn Weizenmehl dazu verwandt wurde.

Gesäuertes oder gegohrenes Brod*) wird dadurch bereitet, dass man den Teig vor dem Backen eine Art

---

*) Ueber ein besonderes Ferment bei der Gährung des Brodteiges, welches ähnlich dem der Carica Papaya eine vollständige

Gährung durchmachen lässt, die man durch Sauerteig (Gegohrenes) oder Hefe einleitet. Der Sauerteig, der schon von sehr alten Zeiten her angewandt wurde, ist eine Teigmasse, die gewöhnlich von einer früheren Brodbereitung her aufbewahrt wird; dieselbe enthält ein actives Ferment, welches die Fähigkeit besitzt, in frischem Teig, dem es beigemengt wird, die Gährung leicht einzuleiten. Der Sauerteig oder die Hefe wird durch Zusammenkneten mit dem frischen Teig mit allen Theilchen desselben in innige Berührung gebracht; gleichzeitig wird dabei eine gewisse Menge Luft eingeschlossen, welche das Eintreten der Gährung begünstigt. Der Teig wird darauf einige Stunden lang zum Aufgehen an einen warmen Ort gestellt. Während dieses Vorganges wird ein Theil der Stärke zunächst in zuckerartige Substanzen verwandelt, welche alsbald zum Theil in Alcohol und Kohlensäuregas zerlegt werden; das Letztere erzeugt zahllose kleine Höhlungen in der Teigmasse und vermehrt den Umfang derselben erheblich. Alsdann wird der Teig in einem Ofen bei 160—300° gebacken; der Alcoholdampf und das Kohlensäuregas werden ausgedehnt und ausgetrieben, die Gährung erregenden Agentien werden zerstört und andere chemische Veränderungen der Masse bewirkt. Die Stärkekörnchen bersten grösstentheils und vereinigen sich so innig mit dem Kleber, dass sie nicht länger, wie vorher, getrennt neben einander zu unterscheiden sind; ein anderer Theil der Stärke, besonders der an den äusseren Theilen des Kuchens oder Laibes befindliche, wird

---

Verdauung des Fibrins und seiner Begleiter bewirken soll s. Scheurer-Kestner Compt. rend. 90; 369.

Vergl. auch die neueren Untersuchungen von Chicandard (Compt. rend. 96, 1585 u. 97, 616), wonach das eigentliche Agens der Brodgährung eine Bacterie und die Alcoholgährung dabei nur von untergeordneter Wichtigkeit ist; ferner die Arbeiten von Marcano (Compt. rend. 96, 1733), Mousette (Compt. rend. 96, 1865) und Bourtroux (Compt. rend. 97, 116); sämmtliche Abhandlungen im Auszuge im Chem. Techn. Jahrb. V. 426. [Anmerk. d. Uebers.]

in Dextrin verwandelt. Der Teig verliert seine schlaffe Beschaffenheit, was von einem Erhärten des Klebers herrührt, während das Brod durch und durch porös, zum Kauen geeigneter und leichter verdaulich wird.

Bei gegohrenem Brod ist zur Erzielung eines tadellosen Products die Anwendung einer guten, wirksamen, gesunden Hefe ein wesentliches Erforderniss, denn bei Benutzung eines schlechten Ferments kann man sicher sein, dass das Brod weichlich und schwer verdaulich, oft auch sauer und übelschmeckend ausfällt. Auch muss bei der Bereitung des Teiges nothwendig die grösste Reinlichkeit inne gehalten und die Backtröge müssen in sauberem und säurefreiem Zustande erhalten werden. Es giebt auch noch verschiedene andere Methoden, um ohne Anwendung eines Fermentes ein lockeres Brod zu produciren, und welche dabei nicht gleichzeitig einen Verlust an Stärke oder Zuckersubstanzen veranlassen. Die einfachste derselben hesteht darin, dass man das Mehl mit Wasser zusammenknetet, welches mit gasförmiger Kohlensäure beladen ist; diese dehnt sich dann durch die Ofenwärme bedeutend aus und ertheilt dem Brode, während sie aus demselben entweicht, eine gleichmässigporöse Beschaffenheit. Es ist dies das Wesentliche der von Dr. Dauglish erfundenen Methode zur Bereitung des sogenannten „Luftbrodes" (aërated bread). Das Nähere darüber ist kurz Folgendes: Das Wasser wird in einem starkwandigen Kessel unter einem Druck von 150—180 Pfund auf den Quadratzoll mit Kohlensäure beladen. In einen anderen, gleichfalls sehr starken, verschliessbaren Kessel, der mit einer Knetvorrichtung versehen ist, wird das Mehl mit der erforderlichen Menge Salz gebracht. Das mit dem Gas übersättigte Wasser wird darauf mittelst eines engen Rohres zu dem Mehl geleitet und das Durchkneten in dem Apparate unter starkem Druck bewirkt. Nach vollendeter Mischung wird der Druck aufgehoben und das eingeschlossene Gas veranlasst darauf unmittelbar ein gleichmässiges Aufgehen des Teiges, welchem es incorporirt ist. Derselbe dehnt sich alsdann durch die Wärme des Ofens noch weiter aus, weshalb sich die äussere Kruste nicht eher bilden darf, bis das Backen nahezu vollendet ist. Zu diesem Zwecke hat man besondere Oefen in Gebrauch, bei welchen das eigentliche Backen hauptsächlich von aussen her bewirkt und erst schliesslich zur Erzeugung der äusseren Brodkruste noch Hitze von oben angewandt wird. Es ist festgestellt worden, dass auf diese Weise 118 sogenannte Viertelbrode aus einer Quantität Mehl hergestellt werden können, welche nach dem Gährungsverfahren nur 105—106 solcher Laibe geben würde; es kann indessen ein derartiger Vergleich nur von Werth sein, wenn gleichzeitig bei jeder Brodsorte eine Wasserbestimmung vorgenommen wird, und es ist zweifelhaft, ob dies hierbei geschehen war. Indessen ist es einleuchtend, dass bis zu einem gewissen Grade sich immerhin ein Vortheil im Gewicht bei der Bereitung des Brodes nach der Gasmethode ergeben muss, obgleich die Verfechter des Gährungsverfahrens behaupten, dass dieser Gewinnst nur ungefähr $1\,^0/_0$ beträgt, was etwa derjenigen Menge Zucker entspricht, welche zur Production einer genügenden Quantität Kohlensäure nöthig ist, um dem Teig die erforderliche Porosität zu ertheilen.

In der Hausbäckerei wird diese Porosität des Brodes mitunter durch Zusatz von Natriumbicarbonat und Salz- oder Weinsteinsäure, oder auch von sogenannten Backpulvern erzeugt, welche Letztere im Wesentlichen aus einem Gemisch von Natriumbicarbonat, Weinsäure und Reissmehl bestehen. In jedem Falle wird dabei Kohlensäuregas in Freiheit gesetzt, welches das Aufgehen des Teiges bewirkt. Ausser dem Haupteinwurf betreffs des Gebrauches von Chemicalien bei der Zubereitung der Nahrungsmittel überhaupt sind hierbei noch die weiteren Einwendungen zu machen, dass die käufliche Salzsäure fast immer sehr unrein ist und dass der andauernde Genuss eines Laxirmittels, wie es das Natriumtartrat doch ist, für manche Constitutionen von Nachtheil sein kann. Ein anderes, erst kürzlich angegebenes Verfahren zum Auftreiben des Teiges besteht darin, dass man das Kohlensäuregas in demselben durch ein Gemisch von Natriumbicarbonat und saurem Calcium- oder Kaliumphosphat entwickelt. Ein Mehl, welchem diese Ingredienzen bereits zugesetzt sind, wird unter dem Namen „selbsttreibendes Mehl" verkauft, und seine Verwendbarkeit wird dadurch gerechtfertigt, dass die zugesetzten Substanzen dem Mehl eine Quantität Phosphate wieder zuführen, die derjenigen aequivalent ist, welche von diesen Salzen vorher in der Kleie und den Schaalen entfernt wurde.

Das braune Brod wird bereitet oder sollte wenigstens aus einem Weizenmehl bereitet werden, welches entweder durch Zermahlen des ganzen Korns gewonnen wurde oder von dem wenigstens nur die äusseren Hüllen theilweise entfernt wurden; die Bäcker sollen dasselbe jedoch häufig durch einfachen Zusatz einer Quantität gemahlener Kleie zu gewöhnlichem Mehl herstellen. Seine dunkle Farbe verdankt es nicht sowohl der Beimengung der Weizenschaalen zu dem Mehl, als der Einwirkung des Cerealins und der anderen stickstoffhaltigen Körper der Schaalen auf die übrigen Bestandtheile des Mehls. Es wird dies dadurch bewiesen, dass, wenn die Wirksamkeit des Cerealins durch vorheriges Erhitzen des Mehls zerstört wird, auch aus einem Mehle, welches die sämmtlichen Bestandtheile des Weizenkorns enthält, ein verhältnissmässig weisses Brod bereitet werden kann.

Es ist von Zeit zu Zeit viel über den relativen Nährwerth des weissen und des braunen Brodes discutirt worden. Einerseits hält man dafür, dass beim weissen Brode ein beträchtlicher Theil der knochenbildenden und anderer Nährsubstanzen des Weizens entfernt wird, aber andererseits wird behauptet, dass beim braunen Brode ein Nachtheil in den darmreizenden Wirkungen liegt, die es hervorbringt und welche die völlige Assimilirung seiner nahrhaften Bestandtheile verhindern.

Das braune Brod wird öfters als eine Art gelinden Laxirmittels genossen, während das weisse Brod, dem eine derartige Wirkung abgeht, für solche Personen für zuträglicher gehalten wird, die sich grösserer körperlicher Anstrengung zu unterziehen haben. Kürzlich ist indessen dem Publicum unter dem speciellen Namen „Weizenmehlbrod" eine Sorte braunen Brodes offerirt worden, das sich durch grössere Nahrhaftigkeit als das Weissbrod empfehlen und dabei nicht die nachtheiligen Eigenschaften des gewöhnlichen braunen Brodes besitzen soll. Es wird aus gemahlenem Weizen hergestellt, der mittelst Stahlwalzen zum Theil von seinen Hülsen befreit ist, so dass keine gröberen Abfälle der Schaalen in dem Mehl verbleiben können.

Die verschiedenen Sorten Brod, die als Hausbackenbrod, Landbrod, Bricks etc. bekannt sind, werden häufig aus einem und demselben Teig bereitet und die Mannichfaltigkeit im Geschmack wird dabei nur durch die verschiedene Art und Weise, in der man die Ofenhitze auf den Teig einwirken lässt, bewirkt.

Geschichtliches. — In den frühesten Zeiten wurden die Körnerfrüchte von den Menschen ohne Zweifel in ihrem natürlichen Zustande zur Nahrung verwandt; wie bereits oben, Seite 119 erwähnt, wurde nach einer Tradition der Aegypter zuerst die Gerste dazu gebraucht. Die ursprüngliche Methode der Brodbereitung soll die gewesen sein, dass man das Korn in Wasser aufweichte und es in Kuchen presste, welche sodann an der Sonne getrocknet wurden. Als die Kenntnisse und die Erfahrung darin zunahmen, wurden allmählich einzelne Abänderungen des Verfahrens eingeführt; man zermalte z. B. das Getreide in einer Art Mörser oder zwischen Steinen und entfernte vor dem Pressen und Trocknen auch theilweise die Hülsen. Beim Trocknen wurde die Sonnenwärme allmählich durch künstlich erzeugte Hitze ersetzt. Späterhin wurde die Backwaare zum Handelsartikel und das Brod wurde schon zur Zeit des Moses sowohl in gesäuertem, als in ungesäuertem Zustande genossen. Wahrscheinlich hat sich die Kenntniss von der Anwendnng des Sauerteigs von den Aegyptern zuerst zu den Griechen und später zu den Römern verbreitet, welche beiden Nationen der Brodbereitung grosse Aufmerksamkeit widmeten. In den Ruinen von Herculanum wurden zwei ganze Laibe Brod, beide von derselben Gestalt und Grösse gefunden, daneben auch bronzene Tröge zur Herstellung von Brod und feinerem Gebäck. Die Römer trugen ihre Erfahrungen in der Bereitung des Brodes in die verschiedensten anderen Gegenden; es ist indessen erwiesen, dass in Schweden und Norwegen noch um die Mitte des sechszehnten Jahrhunderts die ungesäuerten Kuchen die einzige daselbst bekannte Art von Gebäck waren. Der schon in alten Zeiten angewandte Sauerteig wird auf dem Continent noch heute in Gegenden gebraucht, welche von den Brauereien weit entfernt liegen; in England dagegen ist er fast gänzlich durch die in den Brauereien oder Brennereien gewonnene Hefe verdrängt worden.

Erst seit einem verhältnissmässig kurzen Zeitraum hat der Weizen seine hervorragende Stellung in der täglichen Nahrung des civilisirteren Theiles der Menschheit erlangt. In älteren Zeiten wurden von Feldfrüchten in Europa hauptsächlich Gerste, Roggen und Hafer verwendet; in den nördlicheren Gegenden, wo das Klima sich für die Cultur des Weizens nicht eignet, machen diese Cerealien noch heute einen grossen Theil der Nahrung des Volkes aus. Auch in England war der Genuss des Weizens lange Zeit hindurch auf die oberen Klassen beschränkt; gegenwärtig hat er jedoch, — theils wegen seines grösseren Nährwerthes, theils wegen seiner grösseren Schicklichkeit für die Brodbereitung — auch bei der ärmeren Bevölkerung die Gerste und den Roggen gänzlich und in fast ebenso ausgedehnter Weise auch den Hafer verdrängt.

Chemische Zusammensetzung.

Das Brod unterscheidet sich von dem Mehl und den Körnerfrüchten, aus denen es bereitet ist, hinsichtlich seiner Zusammensetzung in einigen wichtigen Eigenthümlichkeiten. Diese Unterschiede sind theils physikalischer, theils chemischer Natur; der erstere rührt fast gänzlich von der Anwendung von Hitze beim Backen her; dieselbe wirkt hauptsächlich auf einzelne Eiweisskörper ein, die sie in den unlöslichen Zustand überführt, sowie auf die Stärkekügelchen, deren Hüllen sie zum Bersten und Platzen veranlasst und deren Inhalt sie in Freiheit versetzt, welcher Letztere dadurch leicht der Einwirkung der Verdauungssäfte des thierischen Organismus zugänglich wird. Die chemischen Veränderungen werden hauptsächlich durch die Einwirkung der löslichen Albuminoide auf die stärkeartigen Substanzen des Getreides unter gleichzeitigem Zutritt von Wasser hervorgebracht. Derartige Umwandlungen treten schon bei Gegenwart von kaltem Wasser ein, doch schreiten sie bei etwas erhöhter Temperatur schneller vorwärts. Bei dem Hefenbrod verschwindet ein Theil des Zuckers gänzlich und wird in Alcohol und Kohlensäuregas zerlegt. Die Veränderungen, welche bei der Umwandlung des Mehles in Brod stattfinden, können als genau analog denjenigen betrachtet werden, welche bei der Bereitung des Bieres vor sich gehen, nur dass sie innerhalb bedeutend engerer Grenzen verlaufen: das Albumin gerinnt, die Stärke wird zum Theil in Maltose und in Dextrin übergeführt und ein Theil des Zuckers wird in Kohlensäuregas und Alcohol zerlegt. In einer grossen Bäckerei muss die Quantität des erzeugten Alcohols ziemlich beträchtlich sein, und diese Thatsache gab die Veranlassung, dass man eine Zeit lang Mittel zur Condensation dieser in den Bäckereien sich entwickelnden Alcoholdämpfe anzuwenden versuchte; es erwiesen sich jedoch die Kosten, welche zur Wiedergewinnung des Spiritus aufgewandt werden mussten, zu gross, als dass das Verfahren hätte lohnend sein können.*)

Wir finden also in dem Brode, gleichviel ob es mit oder ohne Hefe bereitet wurde, alle Bestandtheile des Mehles wieder, ausserdem einen erst neu gebildeten Körper, welcher aus einer eigenthümlichen Zuckerart, der Maltose, besteht; ferner mussten, falls keine Hefe zur Anwendung kam, dem Teig noch Natriumcarbonat und Weinsäure oder Salzsäure zugesetzt werden, um das Brod porös zu machen.

Nach der Ansicht der Bäcker ist auch das Vorhandensein einer kleinen Menge Salz zur Bereitung eines guten Brodes wesentlich; es wird demselben die Eigenschaft zugeschrieben, dass es den Teig veranlasst, besser im Ofen aufzugehen, was wahrscheinlich dadurch geschieht, dass es die Eiweisssubstanzen schneller zum Erhärten bringt und auf diese Weise den einmal aufgeblähten Teig an dem Zusammenfallen vor der Beendigung des Backprocesses verhindert. Die anzuwendende Menge des Salzes ändert sich mit der Güte des Mehles, indem eine geringere Sorte desselben davon nicht so viel, als ein gutes Product, verträgt.

Folgende Tabelle enthält die Resultate der Untersuchung von zwei Laiben sogenannten Luftbrodes und von zwei Proben hausbackenen Brodes, wobei für beide Sorten von demselben Mehl verwandt wurde. Das Luftbrod war nach dem System von Dr. Dauglish, das hausbackene nach dem gewöhnlichen Gährungsverfahren bereitet.

---

*) Ueber den Alcoholgehalt des frischen Brodes s. Th. Bolas, Dingl. polyt. Journ. Bd. 209, p. 399, [Anm. d. Uebers.]

Tabelle I. — Bestandtheile des bei 100° getrockneten Brodes.

Bestandtheile	Sogenanntes Luftbrod				Hausbackenbrod			
	Grobes Brod		Feines Brod (Pariser Brod)		Grobes Brod		Feines Brod	
	Krume	Rinde	Krume	Rinde	Krume	Rinde	Krume	Rinde
Stärke, Dextrin, Cellulose etc.	78.93	78.96	82.75	82.82	78.12	77.62	82.05	83.42
Maltose	6.40	5.61	4.66	3.94	6.87	6.68	4.85	4.11
Eiweiss- und andere stickstoffhaltige Substanzen { in Alcohol unlösliche	10.30	11.28	8.58	9.09	11.65	11.17	10.59	8.68
{ in Alcohol lösliche	1.96	1.75	1.80	1.85	1.74	2.00	1.28	2.37
Fett	0.18	0.16	0.13	0.17	0.22	1.22	0.15	0.39
Unorganische Substanzen	2.23	2.24	2.08	2.13	1.40	1.31	1.08	1.03
Summa	100.00	100.00	100.00	100.00	100.00	100.00	100.00	100.00
Procentgehalt an Feuchtigkeit im frischen Brod	44.09	19.19	41.52	16.48	42.02	22.92	41.98	20.02

Eine nähere Betrachtung der in obiger Tabelle gegebenen Resultate zeigt hinreichend deutlich, dass der Procentgehalt an zuckerartigen Substanzen im fertigen Brodlaib in Wirklichkeit immer nahezu derselbe ist, gleichviel ob das Brod nach der Gas- oder nach der Gährungsmethode bereitet wurde. In der That unterscheiden sich die beiden Arten des durch Gährung hergestellten Brodes in ihrer Zusammensetzung mehr von einander, als das Hefenbrod von dem Luftbrode. Dies lässt die Angabe, dass das Luftbrod süsser, als das Hefenbrod sei, etwas zweifelhaft erscheinen; diese Annahme gründet sich wahrscheinlich auf die Thatsache, dass das Letztere eine Art Gährung durchgemacht hat, und dass füglichermassen dabei ein Verlust an Zucker stattgefunden haben muss. Es ist indessen die Quantität der zuckerartigen Substanz, welche bei dem Process der Brodbereitung überhaupt erzeugt wird, so beträchtlich, und andrerseits die Menge des Zuckers, welche erforderlich ist, um eine zum Aufgehen des Teiges genügende Portion Kohlensäuregas zu liefern, so gering, dass die Letztere auf den relativen Gehalt der beiden Brodarten an zuckerartigen Substanzen kaum einen wesentlichen Einfluss haben kann. Da ausserdem der für Hefenbrod zubereitete Teig sich naturgemäss eine längere Zeit hindurch in Arbeit befindet, ehe die chemische Einwirkung der Eiweisskörper durch die Zuführung von Wärme aufgehoben wird, so ist es wahrscheinlich, dass darin verhältnissmässig viel Maltose und andere zuckerartige Substanzen producirt werden, und dass dadurch die durch die Gährung erzeugte Einbusse an Zucker vollkommen compensirt wird.

Wenn der Verlust an Zucker also im Ganzen danach nur sehr gering ist, so ist die Annahme, dass aus einem Sack Mehl nach der Gasmethode einige Laibe Brod mehr, als nach dem Gährungsverfahren, hergestellt werden können, etwas zweifelhaft; besonders wenn man den Gehalt des Brodes an Wasser in Rechnung zieht.

Stärke. — Die Stärke findet sich in dem Brode in aufgequollenem oder gelatinösem Zustande, wobei fast alle Spuren der früheren eigenthümlichen Gestalt und sonstigen Kennzeichen der Stärkekügelchen verloren gegangen sind. Unter diesen Umständen erliegt die Amylum-Substanz leicht der Einwirkung der löslichen Pflanzenalbuminoide und der Verdauungssäfte des thierischen Organismus. Man hat nachgewiesen, dass unverletzte Stärkekügelchen durch die activen Eiweisskörper unangegriffen bleiben und dass sie sogar auch während des Verdauungsprocesses der Umwandlung in andere Verbindungen entgehen. Es ist daher zweckmässig, die Stärkesubstanzen erst als Nahrungsmittel anzuwenden, nachdem sie die erwähnten Veränderungen bereits durchgemacht haben.

Dextrin. — Wie zuvor angegeben, entsteht das Dextrin gleichzeitig mit der Maltose in dem Teig; es unterliegt indessen keinem Zweifel, dass eine weitere Menge desselben erst in der Kruste des Brodes gebildet wird, wobei durch Einwirkung der höheren Temperatur, welcher es ausgesetzt ist, zugleich ein wenig Caramel entsteht. Das Dextrin ist von ausgesprochen gummiartigem Charakter und trägt, wenn es in dem Brode in sehr grosser Quantität vorhanden ist, dazu bei, demselben ein dichtes, dunkles und tadelnswerthes Ansehen zu geben. Es ist leicht in Wasser, aber nicht in starkem Alcohol löslich; doch ist seine Trennung von den zuckerartigen Substanzen des Brodes mittelst Alcohol meist nicht gut ausführbar.

Maltose. — Von den sogenannten Kohlenhydraten des Brodes ist die Maltose nächst der Stärke das wichtigste, besonders in Anbetracht der Quantität, in der sie auftritt. Sie entsteht sehr leicht, wenn aufgequollene Stärke mit einem wässrigen Auszuge des gekeimten Kornes in Berührung gebracht wird; doch besitzen alle Cerealien auch in ungekeimtem Zustande — wenn auch in geringerem

Grade — die Eigenthümlichkeit, dass sie ein Extract liefern, welches die Umbildung der Stärke in Maltose und einen oder mehrere dextrinartige Körper zu bewirken vermag. Die Letzteren können als intermediäre Producte betrachtet werden, da ihre procentische Zusammensetzung dieselbe, wie die der Stärke ist.

Die mit Hülfe der activen Eiweisskörper hervorgebrachte Umwandlung der Stärke kann etwa durch folgende Gleichung ausgedrückt werden:

$$10\, C_{12} H_{20} O_{10} + 6\, H_2O = 6\, C_{12} H_{22} O_{11} + 4\, C_{12} H_{20} O_{10}$$
Stärke   Wasser   Maltose   Dextrin.

Aus dieser Formel ist ersichtlich, dass der Maltose dieselbe chemische Zusammensetzung zukommt, wie dem Rohrzucker. Sie besitzt einen stark süssen Geschmack, ist krystallisirbar und reducirt direct die alkalische Kupferlösung. Ihre reducirende Wirkung auf Kupferoxyd beträgt nahezu $62/100$ von der der Dextrose; ihr specifischer Drehungswinkel ist $+ 150°$ für die j Linie.

Für ein gutes Weizenmehlbrod wird angenommen, dass darin wenigstens 10 Procent der Stärke in Maltose und Dextrin umgewandelt sind; bei Brod aus Vollmehl stellt sich das Verhältniss in der Regel noch viel höher, da schon das dunkle, schwere Ansehen des Letzteren die Gegenwart einer grösseren Menge von löslichen Kohlenhydraten anzeigt. Diese Eigenthümlichkeit des Vollmehls rührt zum Theil davon her, dass das Mehl vor dem Backen erhitzt wird, um den verändernden Einfluss der Eiweisssubstanzen abzuschwächen. In der Thatsache, dass die Albuminoide des Roggenmehls die der anderen Cerealien erheblich an Wirksamkeit übertreffen, finden wir ferner eine Erklärung des teigigen und dunklen Aussehens des aus dieser Kornart bereiteten Brodes. Die Menge der Maltose, die in dem mittelst gelöster Kohlensäure, sowie in dem durch Gährung bereiteten Brod producirt wird, liegt zwischen 4 und 7 Procent. Ausser der Maltose enthält das Brod noch ungefähr $1/2$ Procent eines anderen Zuckers, der möglicher Weise aus der ursprünglich im Mehl vorhandenen Zuckerart besteht. Er ist in der Tabelle I neben Stärke, Dextrin etc. aufgeführt.

Eiweissstoffe. — Die eiweissartigen Substanzen des Mehls unterliegen beim Backen gewissen Veränderungen, die indessen ihren eigenthümlichen Charakter nicht wesentlich beeinflussen. Das Albumin und der Kleber werden coagulirt und die Löslichkeit des Letzteren in 70 procentigem Alcohol wird bedeutend vermindert; denn der durch dieses Lösungsmittel aus dem Brode ausziehbare Antheil des Klebens beträgt weniger, als 2 Procent.

Fett. — Aus der Tabelle ist zu ersehen, dass die Menge des aus dem Brode erhaltenen Fettes sehr gering ist und nur etwa den sechsten Theil von der in dem Mehle vorhandenen Quantität beträgt. Es kann sein, dass beim Backen ein Theil des Fettes zersetzt wird und dass die entstandenen Producte sich unmittelbar mit einigen der Bestandtheile des Brodes vereinigen; eine wahrscheinlichere Erklärung dieser Erscheinung ist aber die, dass durch die Coagulation der Eiweisskörper das Fett derartig in die Substanz des Brodes eingeschlossen wird, dass es sich durch Aether nicht mehr ausziehen lässt, selbst wenn das Brod getrocknet, fein zerrieben und wiederholentlich mit dem Lösungsmittel behandelt wird.

Auch muss bemerkt werden, dass die Quantität des Fettes in der Rinde des hausbackenen Brodes verhältnissmässig hoch ist; doch verdankt sie dies wohl dem Einfetten der Backmulden, einer in der Hausbäckerei gewöhnlich befolgten Praxis.

Asche. — Der Procentgehalt des Brodes an Asche ist grösser, als der des Mehls; es rührt dies hauptsächlich von dem Kochsalz her, welches zu den oben erwähnten Zwecken dem Mehle zu $1-1^1/_2$ Procent zugesetzt wird. Bei dem hausbackenen Brod, dessen Analyse oben gegeben ist, erscheint die Menge des vorhandenen Salzes geringer, als die zuvor angeführte; doch rührt dies davon her, dass das Salz hier überhaupt nicht in demselben Verhältniss, wie es gewöhnlich von den Bäckern geschieht, zugesetzt worden ist.

Wasser. — Bei den vier, oben näher bezeichneten Laiben Brod stellte sich der Gehalt an Wasser auf 41.52 bis 44.09 Procent in der Krume und 16.48—22.92 Procent in der Kruste. Auf den ganzen Laib berechnet, betrug die Menge des Wassers 37.28 und 34.40 Procent in den durch sogenannte Luftbäckerei bereiteten Laiben, und 37,48, bez. 37.59 Procent in den hausbackenen Broden.

Mikroskopische Structur.

Die Ofenhitze, welche während des Backens auf den feuchten Teig einwirkt, macht die Stärkekügelchen aufquellen und bringt sie mitunter zum Bersten; auch diejenigen Kügelchen, welche dabei ganz bleiben, werden oft derartig in ihrer Gestalt verändert und ihre charakteristischen Merkmale werden so vermischt, dass der Versuch ihrer Identificirung sehr schwierig wird und keine befriedigenden Resultate giebt. Immerhin sollte man indessen eine Prüfung mittelst des Mikroskops vornehmen, da eine schwache Andeutung, die sich dadurch für die Gegenwart eines fremden Stärkemehls ergeben könnte, sodann durch die Entdeckung von Bruchstücken der Hülsen oder Schaalen des vermutheten Fälschungsmittels ihre Bestätigung finden kann.

Untersuchung.

Die unter dem Kapitel „Mehl" gegebene Untersuchungsmethoden sind im Allgemeinen auch auf das Brod anzuwenden, so dass dieselben hier nicht wiederholt zu werden brauchen.*)

Verfälschungen.

Die beim Brode vorkommenden Verfälschungen sind ähnlich denjenigen, welche bei dem Mehl erwähnt wurden, nämlich fremde Getreidemehle und Stärkesorten, Alaun, Salze der Erden etc.

Es ist augenscheinlich, dass das Brod noch weit geeigneter zur Beimengung fremder Getreidemehle und Stärkearten ist, als das Mehl, da die Veränderung, welche bei denselben während des Backens Platz greift, ihre Auffindung oder zum Mindesten ihre Bestimmung meist unausführbar macht.

Es rührt dies von der Vernichtung ihrer charakteristischen Erscheinung unter dem Mikroskop her, welche fast alle Stärkekörner erleiden, sobald sie der Temperatur des kochenden Wassers ausgesetzt werden; — ein Umstand, der den Bäckern gestattet, derartige wohlfeile Ersatzmittel für Mehl, wie gekochten Reis oder gekochte Kartoffeln, dem Teige zuzumischen, ohne Gefahr der Entdeckung zu laufen. Es scheint indessen die Anwendung der meisten der oben genannten Substanzen jetzt aufgegeben zu sein, und der Reis nebst einem oder zwei anderen Mühlenproducten, sowie Alaun sind die einzigen Stoffe, deren Benutzung zur Brodverfälschung in den letzten Jahren bekannt geworden ist. Wegen der grossen Schwierigkeit, die Anwesenheit der ersteren mit Sicherheit zu beweisen, hat sich das Hauptinteresse der Sachverständigen bei der Broduntersuchung auf die Bestimmung der Menge des etwa zugesetzten Alauns concentrirt.

---

*) Zur quantitativen Bestimmung der Eiweissstoffe im Brod etc. empfiehlt G. Fassbender (Ber. D. chem. Ges. 13, 1821) die von Stutzer (das. 13, 251) angegebene Methode mittelst Kupferhydroxyd.
[Anm. d. Uebers.]

Die Anwendung des Reismehles zum Brod muss insofern als Verfälschung betrachtet werden, als sie nur den Zweck hat, ein billiges Ersatzmittel für das Weizenmehl abzugeben, ohne wesentlich dazu beizutragen, das Aussehen oder die Qualität des Brodes irgendwie zu verbessern. Der Bäcker wird dadurch in den Stand gesetzt, dieselbe Gewichtsmenge Brod zu einem etwas niedrigeren Preise zu verkaufen, und aus diesem Grunde wird es mitunter in ärmeren Gegenden dem Teige zugefügt, wo das Anerbieten eines Laibes Brod für weniger Geld das Publicum zu dem Ankaufe desselben veranlasst. In Hinsicht auf den niedrigen Preis, den solches Brod hat, kann kaum mit Sicherheit behauptet werden, dass dabei irgend ein erheblicher Verdienst von dem Käufer gezogen werde; denn die Rechnung würde wahrscheinlich ergeben, dass die Herabsetzung des Preises nahezu im richtigen Verhältniss zu der Quantität der angewandten billigeren Materialien steht.

Der Zusatz von Kartoffeln in gekochtem und zerquetschtem Zustande wird fast allgemein in den Bäckereien ausgeführt, wo bei der Brodbereitung die Gährungsmethode befolgt wird.

In Anbetracht der kleinen Menge Kartoffeln, welche gewöhnlich angewandt wird — meist weniger, als 1 Procent der trockenen Substanz — kann schwerlich behauptet werden, dass dabei die Absicht vorliegt, das Gewicht des Brodes wesentlich zu erhöhen. Der Hauptzweck scheint vielmehr dabei zu sein, eine schnellere Production von zuckerartigen Substanzen durch Einwirkung der Eiweissstoffe des Mehls auf die schon gequollene Kartoffelstärke zu veranlassen; — ein Resultat, das eine beschleunigte Gährung und raschere Erzeugung des zu dem schwammartigen Aufgehen des Teiges nöthigen Kohlensäuregases begünstigen würde.

Bohnen- und Erbsenmehl würden nur wegen ihres billigeren Preises angewandt werden, würden aber dabei den Nährwerth des Brodes eher vermehren, als beeinträchtigen können; wenn sie indessen in beträchtlicheren Quantitäten beigemischt werden, so liegt Gefahr vor, dass sie dem Brode einen unangenehmen Geschmack ertheilen.

Es hat sich ergeben, dass reines Weizenmehl Thonerde in Quantitäten enthalten kann, welche 2—40 grains (0.1296 bis 2.592 grm.) Ammoniakalaun auf 4 Pfund (1816 grm.) Mehl*) entsprechen; ein Zusatz von Reiss oder Kartoffeln zu dem Mehle würde den Gehalt desselben an Thonerde aber nicht vermehren können. Dies ergiebt sich sowohl aus der Untersuchung des Reises (s. Seite 122), welcher ganz frei von Thonerde ist, als auch aus nachstehenden Resultaten, welche bei der Untersuchung von vier Proben Kartoffeln erhalten wurden, die auf gewöhnliche Weise geschält und gekocht waren.

Tabelle II. — Analysen von Kartoffeln.

No.	Procent-gehalt an Wasser	Bei 100° getrocknete Kartoffeln enthalten			
		Asche in Procenten	Je 4 Pfd. Kartoffeln enthalten (in grains)		
			Kieselsäure	Aluminium-Phosphat	Aequivalente Menge Ammonikalaun
1.	78.99	3.48	2.37	1.90	7.03
2.	78.77	4.48	3.29	0.94	3.48
3.	75.16	3.98	3.15	1.80	6.66
4.	73.75	2.64	1.70	1.28	4.73

Das Hauptverfälschungsmittel des Brodes bleibt gegenwärtig immer noch der Alaun.

Derselbe hat die Eigenschaft, die Porosität des Brodes zu vermehren und ihm ein weisses Aussehen zu geben, wie es

---

*) also 0.007—0.143 %. [Anm. d. Uebers.]

ohne diesen Zusatz es nicht besitzen würde. Wahrscheinlich wirkt der Alaun vermöge seiner erhärtenden Eigenschaften zunächst auf den Kleber ein und macht denselben zäher, so dass nach beendigtem Backen das Brod lockerer und poröser erscheint.

Einige sind der Meinung, dass die grössere Weisse des mit Alaun bereiteten Brodes nicht auf eine chemische Einwirkung des Alauns auf die färbende Substanz des Mehles zurückzuführen ist, sondern auf eine optische Erscheinung, welche aus der dadurch herbeigeführten erhöhten Porosität des Brodes entspringt. Es ist indessen wenig zweifelhaft, dass der Alaun hauptsächlich die Neigung zu einer übergrossen Production von Maltose und Dextrin im Brod vermindert und dass die dichte Beschaffenheit, welche aus letzteren Umstand folgen würde und bei dem aus dem vollen Weizenmehl bereiteten Brod sehr auffallend ist, durch diesen Zusatz vermieden wird; besonders gilt dies in Fällen, wo ein geringwerthiges und zum Theil schadhaftes Mehl benutzt wurde.

Ueber die Frage, ob das aus Alaun-haltigem Mehl bereitete Brod für die Gesundheit nachtheilig sei oder nicht, herrscht eine erhebliche Meinungsverschiedenheit. Diejenigen, welche die Anwesenheit von Alaun als harmlos betrachten, rechnen zum Theil auf die Geringfügigkeit des in der Regel vorhandenen Quantums; — dasselbe beträgt nämlich meist weniger, als 50 grains (3.24 grm.) auf einen vierpfündigen Laib Brod; — und es wird angenommen, dass diese Menge zu unbedeutend sei, um den thierischen Organismus irgendwie zu beeinflussen; zum Theil stützt sich diese Ansicht auf die Thatsache, dass die Thonerde sich aus dem Brode nicht durch Wasser ausziehen lässt, dass sie sich also darin in einem unlöslichen Zustande befinden und vermuthlich auch im Organismus unwirksam bleiben muss.

Zu Gunsten der entgegengesetzten Ansicht werden Versuche mit Thieren ausgeführt, welche mit Alaun-haltiger Nahrung gefüttert wurden und dabei deutliche Anzeichen einer Verlangsamung des Verdauungsgeschäftes zeigten. Es ist auch festgestellt worden, dass, wenn der Kleber eine kleine Menge einer Thonerdeverbindung (entweder Aluminiumphosphat oder Alaun) enthält, die Lösung desselben bei der Einwirkung eines künstlich hergestellten Verdauungssaftes verzögert wird.

Welcher Ansicht man auch sein mag, es kann wenig Meinungsverschiedenheit darüber bestehen, dass die sicherste Maassregel die ist, den Zusatz von Alaun zum Mehl beim Backen überhaupt für unnöthig zu erklären und dass, falls derselbe in dem Gebäck gefunden wird, seine Gegenwart zweifellos als Verfälschung betrachtet werden muss; denn der Alaun wird dem Brode keineswegs zugefügt, um dasselbe zur Nahrung geeigneter zu machen, sondern nur um das Publicum zu verleiten, aus dem weisseren und im Allgemeinen besseren Aussehen der Backwaare den Schluss zu ziehen, dass dieselbe aus einer besseren Sorte Mehl bereitet worden sei, als dies in der That der Fall gewesen ist.

Die wichtigsten Methoden zur Auffindung und Bestimmung des Alauns sind in dem Kapitel „Mehl" gegeben worden; die Blauholzprobe muss indessen bei ihrer Anwendung auf Brod folgendermassen modificirt werden: Man bringt in eine Porzellanschaale ungefähr ein Weinglas voll Wasser, setzt dazu 5 c. c. frisch bereitete Blauholztinctur und dasselbe Volumen Ammoniumcarbonatlösung. Ein Stück der zu prüfenden Brodkrume von circa 10 Gramm Gewicht wird alsdann etwa fünf Minuten lang darin eingeweicht, worauf die Flüssigkeit abgegossen und das Brod bei gelinder Wärme getrocknet wird. Bei Gegenwart von Alaun nimmt das Brod eine lavendelblaue oder mehr oder minder tief dunkelblaue Färbung, je nach der Quantität des vorhandenen Alauns, an; wenn hingegen die erzeugte Färbung nur schmutzig braun erscheint, kann das Brod als rein angesehen werden, und ist es in diesem Falle, — wenn nicht, wie bereits bemerkt, besondere Umstände vorliegen, —

nicht nöthig, die quantitative Bestimmung der Thonerde vorzunehmen.

Wie Seite 151 bereits festgestellt, ist dieser Probe eher eine negative als positive Bedeutung zuzuschreiben, und nur wenn eine lavendelfarbene oder blaue Tingirung entstehen sollte, würde eine quantitative Bestimmung der Gesammtmenge der Thonerde und Kieselsäure erforderlich sein.

Obgleich die Zuverlässigkeit der Blauholzprobe eine Zeit lang von einigen Chemikern angezweifelt wurde, hat dieselbe doch seither wieder mehr Anerkennung gefunden und wird jetzt im Allgemeinen als schlagend angesehen. Es ist dies zum grossen Theil aus der Wichtigkeit entsprungen, die einer jeden Methode, welche die Gegenwart von löslichen Thonerdesalzen anzeigen kann, beigelegt wird, da es jetzt wohl bekannt ist, dass sowohl das Mehl, als das Brod an sich oft eine erhebliche Quantität anderer Thonerdeverbindungen enthalten, ohne dass denselben Alaun zugesetzt worden ist.

Auch einige Salze der alkalischen Erden, z. B. Calciumcarbonat (Kreide), Calciumsulfat (Gyps), sowie Magnesiumcarbonat und Magnesiumsilicat (Seifenstein), die sich im Brode finden, könnten nur behufs Vermehrung des Gewichts demselben beigemengt worden sein. Ihre Gegenwart wird sich leicht durch einen relativ hohen Aschengehalt ergeben und ihre Identificirung durch die für dieselben charakteristischen chemischen Reactionen bewirkt werden können; es kann daher hier auf das darüber unter „Mehl" Gesagte verwiesen werden.

Der Zusatz derartiger Verbindungen zum Brod kann füglich jetzt als eine Frage angesehen werden, welche vergangenen Zeiten angehört, denn neuerdings sind keine dieser Stoffe mehr im Brode aufgefunden worden.

Gelegentlich soll in England und auf dem Continent auch Kupfersulfat zur Verbesserung der Farbe des Brodes benutzt worden sein, und obgleich keine Beweise vorliegen, dass dies gegenwärtig in praxi noch geschieht, mag es doch hier angemessen erscheinen, die Mittel anzugeben, wodurch ein so schädliches Verfälschungsmittel entdeckt und bestimmt werden kann.

Als Vorprobe möge man eine Portion der Brodkrume in eine verdünnte Lösung von gelbem Blutlaugensalz einweichen, welche mit Essigsäure angesäuert ist: bei Gegenwart von Kupfersulfat nimmt das Brod eine röthlichbraune Färbung an, deren Intensität sich nach der Menge des vorhandenen Kupfers richtet. Zur quantitativen Bestimmung desselben werden 100—150 Gramm Brod mit verdünnter Schwefelsäure durchfeuchtet und über einem englischen Argand-Brenner oder in einer Muffel verkohlt. Die verkohlte Masse wird mit Wasser erwärmt, der Auszug abfiltrirt, der Rückstand nach Zusatz einiger Tropfen Schwefelsäure getrocknet und dann völlig eingeäschert.

Falls viel Kupfer zugegen ist, wird die Asche schon eine blassgrüne Farbe zeigen. Das erste Filtrat wird nun, nachdem es schwach angesäuert ist, zu der Asche gesetzt und nach einigem Digeriren der Auszug, welcher jetzt die Gesammtmenge des Kupfers enthält, abfiltrirt.

Wenn ein sehr grosser Ueberschuss von Säure vorhanden ist, wird die Lösung nahezu mit Ammoniak neutralisirt, so dass sie nur schwach sauer bleibt. Dieselbe wird sodann in eine mit Ausguss versehene Platinschaale gebracht und das Kupfersalz darin durch einen galvanischen Strom, den man mit Hülfe eines einzelnen Grove'schen Elementes erzeugt, zersetzt, wobei man Sorge trägt, die Platinschaale durch Aufstellen auf eine Glasplatte zu isoliren. Das Kupfer kann entweder auf der Innenseite der gewogenen Platinschaale oder auf einem vorher tarirten Streifen dünnen Platinblechs niedergeschlagen werden, wobei das Platin den negativen Pol der Batterie bildet. Nach etwa zwei Stunden, oder sobald sich die Abscheidung des Kupfers nicht weiter vermehrt, wird die Mutterlauge von demselben abgegossen und das Platingefäss schnell mit destillirtem Wasser, welches vorher gut ausgekocht und wieder abgekühlt worden ist, ausgespült. Das Platin mit dem Kupferüberzuge soll darauf in einem Strome von Wasserstoffgas oder Kohlensäure getrocknet werden; wir haben indessen keine erwähnenswerthe Oxydation bemerkt, wenn das Trocknen in einem gewöhnlichen Dampftrockenschrank ausgeführt wurde. Die Platinschaale oder das Blech wird sodann sorgfältig gewogen und die vorher festgestellte Tara von dem Bruttogewicht abgezogen. Die Differenz ergiebt das Gewicht des metallischen Kupfers, aus welchem nöthigenfalls das des Kupfersulsulfats berechnet werden kann. Die Mutterlauge wird darauf nochmals der Einwirkung des electrischen Stromes ausgesetzt und, falls noch ein weiterer Niederschlag von Kupfer stattfindet, dessen Gewicht, wie zuvor, bestimmt.

Dieses Verfahren ist auch zur Untersuchung von Vegetabilien, eingemachten Früchten und anderen Nahrungsmitteln anwendbar, welche in Metallgefässen aufbewahrt wurden und eine Beimischung von Kupfer enthalten können. Bei den in verzinnten Büchsen aufbewahrt gewesenen Nahrungsmitteln muss man nur Sorge tragen, das Platin aus dem Bereiche des electrischen Stromes zu entfernen, sobald das Missfarbigwerden der metallischen Abscheidung eine Verunreinigung mit Blei oder Zinn anzuzeigen beginnt.

Bestäubungsmehl (Cones flour). — Diese Bezeichnung wurde ursprünglich einem Mehl gegeben, welches von einer geringwerthigeren Weizensorte, dem sogen. revet, bereitet wurde. Dasselbe, welches billiger im Preise, als das gewöhnliche Weizenmehl war, wurde in den Bäckereien zum Einstäuben des Teiges und der Bretter, auf welchen das Brod geknetet wurde, benutzt, um dem Anhaften vorzubeugen und das Formen der Laibe zu erleichtern.

Der jetzt unter der Bezeichnung „Staubmehl" (engl. „cones") gebräuchliche Handelsartikel besteht aus Reis- oder Maismehl oder aus einem Gemische von beiden und enthält nur selten eine Spur Weizenmehl. Die Substitution von Reis- oder Maismehl für das des Weizens geschieht nur wegen der Wohlfeilheit, und so lange der Gebrauch der Ersteren auf den ursprünglichen Zweck als Bestäubungsmehl beschränkt bleibt und sie nicht in die Zusammensetzung des Brodlaibes eingeführt werden, ist gegen die Benutzung eines derartigen billigeren Artikels für diesen Zweck nicht viel einzuwenden; besonders wenn man erwägt, dass, da er weniger klebrig ist, als das Weizenmehl, er grössere Erleichterungen bei der Bearbeitung des Teiges, als das Letztere, gewährt, und dass auch in den Bäckereien immerhin ein beträchtlicher Verlust an diesem Bestäubungsmehl stattfinden muss. —

HAFERMEHL.

Botanische Abstammung. — Das Hafermehl wird aus verschiedenen Haferarten bereitet; dieselben stammen von der Pflanzengattung *Avena*, welche zu derselben natürlichen Familie, wie der Weizen, gehört. Die beiden bekanntesten Species des cultivirten Hafers sind *Avena sativa* und *Avena orientalis*; doch giebt es noch verschiedene Varietäten derselben, besonders von der ersteren Art; solche sind z. B. der bebartete oder lange schwarze Hafer, der weisse, der rothe und der nackte Hafer. Die beste der in England cultivirten Varietäten soll der sogenannte Kartoffelhafer sein, der durch seine Grösse, Festigkeit und Dicke einen hohen Preis behauptet und in Folge dessen bei den Landwirthen am meisten in Ansehen steht.

Die Haferarten gedeihen besser in kalten, feuchten Klimaten, als in trockenen, und haben daher den Vortheil, dass sie sich noch auf Bodenarten und in Gegenden cultiviren lassen, wo sonst weder Gerste noch Weizen mehr fortkommen.

Die Haferarten unterscheiden sich von dem Weizen, der Gerste und dem Roggen durch die Form des Blüthenstandes, der bei dem Hafer sich der Rispe nähert. Dieselbe ist bei einigen Varietäten zusammengezogen, wobei sämmtliche Blüthenstiele nach einer Seite gewendet sind, während bei Anderen die Zweige der Rispe, welche nach dem Ende zu schmäler wird, eine spitz zulaufende oder kegelförmige Figur bilden. Jede Unterabtheilung dieser Rispe endigt in eine zerbrechliche Fruchtkapsel, die den Saamen oder den eigentlichen Hafer enthält; je mehr dieser auswächst, geht die senkrechte Stellung der Rispe verloren und dieselbe nimmt das Ansehen von herunterhängenden Zweigen an.

Beschreibung. — Der Hafer, wie er sich im Handel findet, besteht aus den Saamen der Pflanze, welche noch in ihrer Hülse oder äusseren Fruchthaut eingeschlossen sind. Vor dem Mahlen werden sie auf der Darre getrocknet und von den Hülsen befreit. Das Schottische Hafermehl ist gewöhnlich gröber gemahlen, als das Englische, doch schwankt der Grad der Feinheit bei Beiden je nach der in verschiedenen Gegenden vorwaltenden Mode. Das Mehl des Hafers ist bei Weitem nicht so weiss, als das des Weizens, und besitzt einen eigenthümlichen, etwas bitterlichen Geschmack. Es wird in England hauptsächlich in der Form von Suppen oder Kuchen genossen. In Folge seines Mangels an Kleber kann das Hafermehl nicht, wie das Weizenmehl, zu einem leichten, lockeren Brod verarbeitet werden; der daraus bereitete Teig erlangt nicht die Zähigkeit und Klebrigkeit, welche wesentlich ist, um die Gasblasen zuzückzuhalten und dadurch die erforderliche Porosität und Leichtigkeit der Masse zu erzielen.

Geschichtliches. — Das Vaterland des Hafers hat nicht mit Sicherheit ermittelt werden können, doch ist nach dem dauerhaften Charakter der Pflanze anzunehmen, dass dieselbe ihre Heimath unter einer nördlicheren Breite hat, als die anderen Cerealien. Auch über die Zeit, wann der Hafer zuerst in England eingeführt worden, ist Näheres nicht bekannt; doch findet sich die Angabe, dass die Pflanze auch selbst dort heimisch sei, und mit dem wilden Hafer ist dies in der That der Fall. Es ist erwiesen, dass die Bewohner Englands bereits im Jahre 1296 Hafer besassen und des Gebrauches des Hafergrützenbreis als Nahrungsmittel wurde schon im Jahre 1596 Erwähnung gethan.

Im Jahre 1698 wurde der Verbrauch an Hafermehl nächst dem der Gerste als am grössten und als erheblich höher als der des Weizens angegeben; während des ersten Theils des letzten Jahrhunderts hat jedoch der Consum an Hafermehl in England und Wales bedeutend abgenommen und seine Stelle wurde durch das Weizenmehl ausgefüllt, das von jener Zeit an auch bei der niederen Bevölkerung viel allgemeiner als Nahrungsmittel in Gebrauch kam.

In einigen Gegenden Grossbritanniens, besonders in Schottland, bildet das Hafermehl noch heute ein geschätztes und wichtiges Volksnahrungsmittel und bringt dort bekanntlich einen gesunden und kräftigen Menschenschlag hervor.

Chemische Zusammensetzung.

Die chemischen Bestandtheile des Hafers sind denen des Weizens sehr ähnlich, doch unterscheiden sie sich davon wie aus der Tabelle auf Seite 120 hervorgeht, hinsichtlich der quantitativen Verhältnisse ihres Vorkommens. In dem Gehalt an stickstoffhaltigen Substanzen*) hält der Hafer einen günstigen Vergleich mit den anderen Cerealien aus; hinsichtlich der Stärkemenge steht er jedoch am niedrigsten.

Die directe Untersuchungen einer Probe Hafermehl ergab folgende Resultate:

Tabelle I. — Hafermehl (schottisches).

Fett	7.74 %
Stärke	59.88 „
Zucker	1.27 „
Eiweissstoffe, in Alcohol unlösliche	15.66 „
desgl. „ „ lösliche	4.21 „
Cellulose	2.05 „
Mineralische Substanzen	1.94 „
Feuchtigkeit	7.25 „
Summa	100.00 %.

Die nachstehende Tabelle enthält die Resultate der Analyse der Asche oder der Mineralsubstanzen des Hafers.

---

*) Ueber ein im Hafer vorkommendes Alkaloid, Avenin, welchem die anregenden Wirkungen der Pflanze zugeschrieben werden, vergl. A. Sanson (Journ de l'Anat. et Physiol. 19, 113 und Techn. chem. Jahrb. 5, 423.)

Ueber das Vorkommen von Legumin im Hafer s. U. Kreusler (Journ. f. pr. Ch. 107, 17.) [Anm. d. Uebers.]

Tabelle II. — Analyse der Asche des Hafermehls.

Bestandtheile			
Kali	berechnet auf	K_2O	11.46
Natron	,, ,,	Na_2O	0.83
Natriumchlorid	,, ,,	NaCl	2.07
Magnesia	,, ,,	MgO	11.92
Kalk	,, ,,	CaO	3.50
Eisenoxyd	,, ,,	FeO	1.42
Thonerde	,, ,,	Al_2O_3	Spuren
Manganoxyd	,, ,,	Mn_3O_4	Spuren
Phosphorsäureanhydrid . .	,, ,,	P_2O_5	61.14
Schwefelsäureanhydrid . .	,, ,,	SO_3	0.92
Kieselsäure	,, ,,	SiO_2	4.28
Sand	,, ,,	—	2.46
Summa			100.00

Diese Bestandtheile entsprechen nahezu denen der Asche des Weizenmehls. —

Mikroskopischer Bau.

Das mikroskopische Bild der Gewebe, welche die Hülse oder äussere Bekleidung des Hafers zusammensetzen, ist in Fig. 17 dargestellt. Die äussere Membran ist aus langen, schmalen Zellen zusammengesetzt, welche gut ausgebildete,

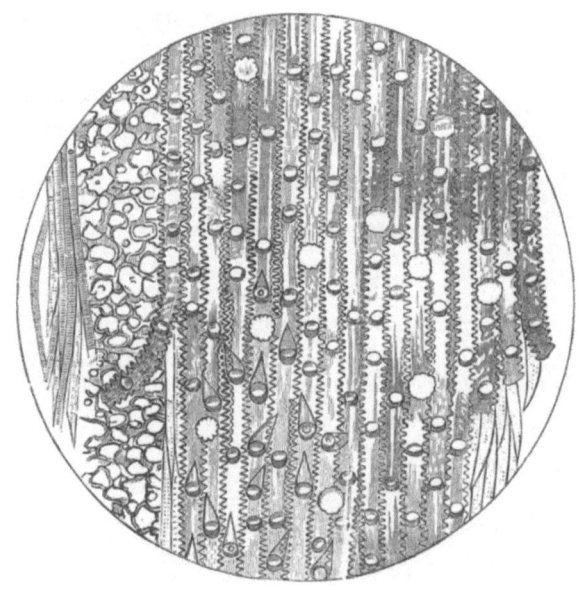

Fig. 17.
Hülse oder äussere Schaale des Hafers.
100fache Linearvergrösserung.

gekerbte Ränder besitzen und kleine runde, abgeplattete Scheibchen von Kieselsäure enthalten. Unmittelbar unterhalb dieses Gewebes verlaufen mehrere Reihen von Spiralgefässen und langen, dünnen, verholzten Zellen mit zugespitzten Enden. An die äussere Membran sind zahlreiche kurze, zugespitzte, dornartige Haare angeheftet.

Die innere Bekleidung oder Deckhaut besteht aus vier Geweben, welche in Fig. 18 dargestellt sind. Die erste Membran zeigt verlängerte Zellen mit graden, straffen Wandungen; die zweite, an deren einem Ende zahlreiche, lange, zugespitzte Haare sitzen, ist aus langgestreckten Zellen ge-

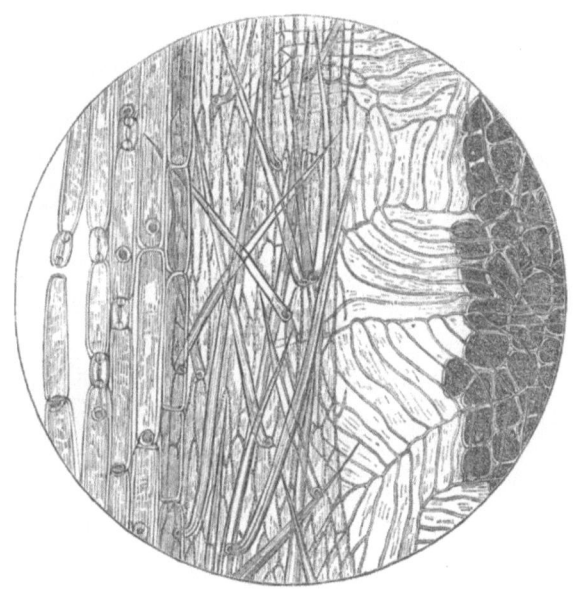

Fig. 18.
Innere Saamenschaale des Hafers.
100fache Linearvergrösserung.

bildet, welche fein-perlschnurförmige Ränder haben. Die dritte ist aus langen, unregelmässig geformten Zellen zusammengesetzt, welche ein welliges Ansehen zeigen; die vierte endlich besteht aus einem verhältnissmässig dicken Gewebe von ovalen und rundlichen Zellen, welche mit einer feinkörnigen Substanz angefüllt sind.

— 196 —

Die Stärkekügelchen des Hafermehls sind kleiner, als die des Weizens; sie variiren in der Grösse von 0.0001 bis 0.0004 Zoll (0.0025—0.0101 Mm.) im Durchmesser, haben eine vieleckige Gestalt und nur bei den grösseren derselben

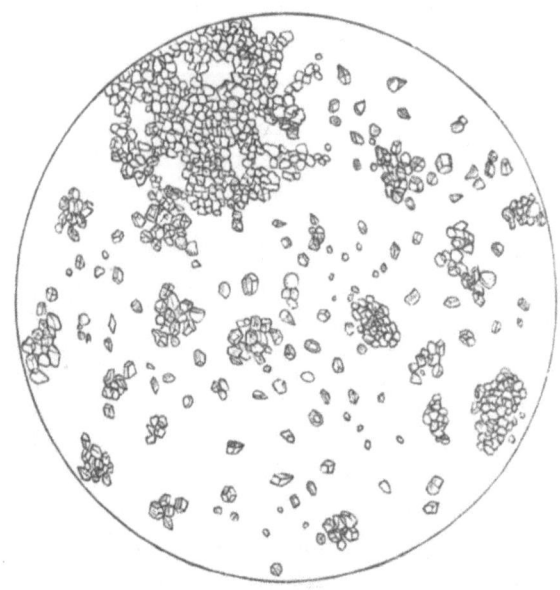

Fig. 19. — Haferstärke. — 350fache Linearvergrösserung.

ist eine Art Nabel zu erkennen. Das mikroskopische Bild der Haferstärke ist in Fig. 19 dargestellt.*)

---

*) Für die Stärkekörner des Hafers ist es also charakteristisch dass sie zusammengesetzt sind; seltsamer Weise zeigt dieselbe Eigenschaft auch die Stärke des Taumellolchs (Lolium temulentum), des einzigen giftigen Grases (vergl. Wittmack, Anleitung etc. p. 49).
[Anm. d. Uebers.]

Verfälschungen.

Das einzige Fälschungsmittel, das in neuerer Zeit im Hafermehl gefunden wurde, ist Gerstenmehl; früher sollen auch andere Beimengungen, wie Reis- oder Maismehl und die gemahlenen Hülsen der Cerealien benutzt worden sein.

Die Gegenwart von Gerstenmehl ist leicht mittelst des Mikroskops durch die Form der Stärkekügelchen festzustellen; das Bild derselben, wie es sich unter dem Mikroskop zeigt ist aus Fig. 11 Seite 160 zu ersehen. Bei der Prüfung des Hafermehls ist wohl zu unterscheiden zwischen etwa vorhandenen Kügelchen der Gerstenmehlstärke und anderen zusammengehäuften Massen, denen man unter der Hafermehlstärke selbst begegnet. Das Hafermehl zeigt nämlich die Eigenthümlichkeit, dass eine Anzahl der Stärkekörnchen desselben derartig an einander adhäriren, dass sie runde oder ovale Körper von dem ungefähren Umfang der grösseren Gerstenstärkekörner bilden, für welche sie denn auch mitunter irrthümlicher Weise gehalten worden sind.

Die Gegenwart von Reis- oder Maismehl kann ähnlich wie die des Gerstenmehls durch das Mikroskop an der Form der Stärkekörnchen erkannt werden. Das Aussehen der Reisstärke ergiebt sich aus Fig. 14 auf Seite 163; das der Maisstärke aus Fig. 29 auf Seite 228.

Die Art und Weise, in welcher die fremde Stärke am geeignetsten bestimmt wird, ist auf Seite 202 beschrieben.

Es ist gerade kein Fall bekannt geworden, dass gemahlene Hülsen der Cerealien als Fälschungsmittel des Hafermehls aufgefunden worden sind, seitdem das jetzt gültige Nahrungsmittelgesetz in Wirksamkeit getreten ist; doch kann eine derartige Verfälschung immerhin leicht vorkommen, und bei der mikroskopischen Prüfung einer verdächtigen Probe sollte die Untersuchung auf etwa beigemengte Getreidehülsen nicht unterlassen werden; dieselben sind, wie fein sie auch zermahlen seien, verhältnissmässig leicht durch die Structur ihrer Gewebe zu identificiren. Die Gewebe der Haferhülse sind in den Fig. 17 und 18 dargestellt; die der Weizenhülse in Fig. 7 auf Seite 143, und die der Gerstenhülse in den Fig. 9 und 10 auf Seite 158 und 159.

PRÄPARIRTE STÄRK-MEHLE.

Diese Präparate, welche aus gereinigten Stärkesorten bestehen, unterscheiden sich von dem Getreidemehl sehr wesentlich; nämlich insofern, als sie an sich nur ein unvollständiges Nahrungsmittel abgeben und den gleichzeitigen Gebrauch anderer Nährsubstanzen erfordern, welche die zur Bildung von Fleisch und Knochen nöthigen Bestandtheile enthalten. Die Stärke selbst trägt hauptsächlich nur zur Fettbildung und Vermehrung des Leibesumfangs bei; und obgleich ihre Unzulänglichkeit für die Ernährung jetzt wohl bekannt ist, nimmt man im Publicum doch noch oftmals zu derselben, speciell als Nahrungsmittel für Kinder, seine Zuflucht, und benutzt sie dazu in einer Ausdehnung, dass daraus häufig ernsthafte Gefahren für die Gesundheit der Kinder entstehen.

Zur Gewinnung dieser Präparate ist man nicht auf die Cerealien allein beschränkt, da auch die Knollen mancher Pflanzen und die Stämme gewisser baumartiger Gewächse verschiedene Arten Stärke in reichlichen Mengen liefern und die eine oder andere Sorte von fast allen Nationen als tägliches Nahrungsmittel in Gebrauch gezogen wird.

Da jede Stärkesorte einen ihr eigenthümlichen Geschmack besitzt, so ist in jeder derselben auch wahrscheinlich eine kleine Menge eines eigenthümlichen flüchtigen

Stoffes vorhanden, der ihr diese besondere Eigenschaft zuertheilt; in chemischer Beziehung ist jedoch die als „Stärke" bezeichnete Substanz in allen Sorten ein und dieselbe.

Unter dem Mikroskop zeigt das Stärkekorn einen organisirten Bau; es besteht aus einer dünnen Hülle oder einem kleinen Sack, welcher aus Cellulose gebildet und mit der eigentlichen Stärkesubstanz, der Granulose, angefüllt ist. Die Letztere scheint darin in der Form einzelner Lagen oder Häutchen vorhanden zu sein, welche hinsichtlich ihrer Dicke und wahrscheinlich auch der Dichtigkeit nach verschieden sind und von einem gemeinsamen Punkte, den man Nabel oder hilum nennt, ausgehen. Diese Schichten geben die Veranlassung zur Erscheinung von Linien oder Ringen an der Aussenfläche des Korns und können mitunter durch ihre besonderen Eigenthümlickeiten zur Identificirung einer bestimmten Stärkesorte beitragen.*)

Die von verschiedenen Pflanzenstoffen stammenden Stärkesorten haben fast in jedem Falle ein anderes Aussehen in Bezug auf Form, Grösse und andere charakteristische Eigenschaften, welche die Mittel zu ihrer Unterscheidung unter dem Mikroskop bieten.

Die Hülle oder Einschlussmembran der Stärkekügelchen besitzt einen so beträchtlichen Grad von Härte und Festigkeit, dass sie sogar die Einwirkung der löslichen und activen Eiweisskörper auf den Inhalt der Kügelchen, welche sonst die Umwandlung der eigentlichen Stärkesubstanz in Dextrin und Maltose zu bewirken vermögen, verzögert oder fast gänzlich verhindert; aus demselben Grunde widersteht die Stärke, wenn sie in rohem Zustande als Nahrungsmittel in den Organismus eingeführt wird, bis zu einem gewissen

---

*) Nach Fr. Schulze wird durch concentrirte Kochsalzlösung, welche 1 % wasserfreie Salzsäure enthält, bei 60° nur die Granulose gelöst. — Nach C. Naegeli entsteht aus der Granulose bei der Einwirkung von Speichelferment alsbald Zucker und Dextrin. Die Cellulose bleibt als zartes Gerüst zurück. [Anm. d. Uebers.]

Grade der zuckerbildenden Einwirkung der Verdauungssäfte und viele Stärkekörner gehen völlig unangegriffen durch den Verdauungsapparat hindurch. Es ergiebt sich daher, um die vorher erwähnte Umwandlung zu bewirken, die Nothwendigkeit, die Kügelchen durch Anwendung von Hitze zu zertrümmern, um auf diese Weise ihren Inhalt der unmittelbaren Einwirkung der löslichen Albuminoide, resp. der Verdauungssäfte auszusetzen. Daraus folgt fernerhin die Nothwendigkeit, dass alle stärkehaltigen Nahrungsmittel vor dem Genuss gekocht oder so weit erhitzt werden müssen, dass die Stärkekügelchen zum Zerbersten gebracht werden.

Die Formel $C_{12} H_{20} O_{10}$ kommt sämmtlichen Stärkearten zu, von welcher Quelle sie auch stammen mögen. Die Stärke an sich ist in kaltem Wasser unlöslich, der Inhalt der Kügelchen dagegen löst sich in demselben auf.

Die Temperatur, bei welcher die verschiedenen Stärkearten beim Erhitzen mit Wasser gelatiniren, schwankt von 45—90°; diejenigen Sorten, welche die grössten Kügelchen besitzen, zerbersten schon bei niedrigeren Temperaturgraden, als diejenigen, welchen hauptsächlich kleinere Kügelchen zukommen, wie z. B. die Reis- und Maisstärke, die nicht eher angegriffen werden, bis nahezu das Maximum der oben angegebenen Temperatur erreicht ist.

Das Jod vereinigt sich mit der Stärke, indem es eine tiefblaue Färbung damit hervorbringt. Diese Reaction findet ausschliesslich zwischen dem Inhalt der Stärkekörnchen und dem Jod statt, während die aus Cellulose bestehende Hülle mit dem Letzteren keine Färbung giebt.*)

---

*) Die von der Granulose befreite Stärkecellulose färbt sich mit Jod meist rothgelb oder bräunlich; erst durch darauf folgende Einwirkung von Schwefelsäure erscheint sie alsdann, wie alle Cellulose, ebenfalls blau. [Anm. d. Uebers.]

Die gelöste Stärke dreht den polarisirten Lichtstrahl nach rechts; die Grösse der Ablenkung beträgt für die Linie $[\alpha]$ j $+ 216°$.*)

Das Verhältniss, in welchem eine Stärkeart oder eine Mehlsorte mit einer anderen gemischt ist, kann mittelst des Mikroskopes abgeschätzt werden. Zur Herstellung einer gleichmässigen Probe wird die Substanz zunächst in einem Mörser zerrieben und mehrere Mal durch ein Sieb geschlagen. Alsdann wird eine kleine Menge von etwa 0.05 grains (0.003 grm.) genau abgewogen und auf eine flache, in gleichmässige Felder getheilte Glasplatte gebracht, auf der sie mit circa zwei Tropfen Wasser zu einem dünnen Brei verrieben wird. Darauf wird ein dünnes Deckglas von ungefähr 3.5—4 cm. Länge und 2.5 cm. Breite über den Brei gedeckt und auf der unteren Platte hin und her bewegt, bis die Masse ganz gleichmässig unter dem Deckglase vertheilt ist. Man zählt darauf mittelst des $1/4$ zölligen Objectivs und dem Ocular B die Anzahl der fremden Stärkekügelchen in neun Feldern, welche einen möglichst guten Durchschnitt der ganzen Platte abgeben. Dieses Verfahren wird wiederholt, bis man eine genaue Vorstellung von der Zusammensetzung der Probe erlangt hat.

Gleichzeitig werden Normalstärkegemische hergestellt und genau in derselben Weise behandelt; aus einem Ver-

---

*) Zur Darstellung von löslicher Stärke erhitzt man nach F. Salomon (Arch. d. Pharm. 1883, Bd. 21. p. 769 und Journ. f. pr. Ch. 28, 82) 100 Gr. Kartoffelstärke mit 5 Gr. Schwefelsäure und 1 L. Wasser $2^{1}/_{2}$ Stunde lang im Salzbade zum Sieden, sättigt die Flüssigkeit mit Natriumcarbonat, filtrirt, concentrirt durch Eindampfen, und fällt mit Alcohol. Den Niederschlag löst man in Wasser, fällt ihn abermals und verdampft dann die wässrige Lösung zum Syrup. Das beim Erkalten sich abscheidende weisse Pulver wird zwei mal mit kaltem Wasser, dann mit Alcohol und Aether gewaschen. Die wässrige Lösung dieses Präparates wird durch Jod prachtvoll blau gefärbt. [Anm, d. Uebers.]

gleich der Resultate wird der Procentgehalt an fremdem Stärkemehl in dem Untersuchungsobject berechnet. Wenn der Gehalt des Präparates an fremden Stärkekügelchen sehr gross ist, so ist es zur Erleichterung des Zählens derselben vortheilhaft, in das Ocular eine Platte einzusetzen, welche in gleichmässige Quadrate getheilt ist.

In Fällen, wo die Kügelchen des fremden beigemischten Stärkemehls so klein und zahlreich sind, dass es unmöglich erscheint, sie direct zu zählen, wie z. B. bei der Reisstärke, wird ein ähnliches Verfahren bei der Präparirung der Platten befolgt und die Abschätzung der Quantität der fremden Stärke durch Vergleichung des Musters mit Normalgemischen, so gut es eben geht, vorgenommen.

Oft ist es rathsam, bei der Präparation der Probeplatten statt des Wassers eine verdünnte Jodlösung anzuwenden, da die dadurch hervorgerufene Färbung der Stärkekügelchen dieselben deutlicher sichtbar macht. —

ARROW-ROOT.

Botanische Abstammung. — Das Arrow-Root oder Pfeilwurzelmehl stammt von verschiedenen Arten der Gattung Maranta, welche zur natürlichen Familie der Marantaceen gehört. Die wichtigste derselben ist die Maranta arundinacea, die auf den Westindischen Inseln und im tropischen Amerika einheimisch ist, jetzt aber auch in Afrika, auf Ceylon und in anderen heissen Landstrichen cultivirt wird. Man kennt noch drei andere Species derselben Gattung, nämlich die M. allouyia und M. nobilis, welche in Westindien vorkommen, und die M. ramosissima, welche in Ostindien einheimisch ist.

Die Arrowrootpflanze ist ein 1.2—1.8 Meter hohes Kraut mit breiten zugespitzten Blättern. Die knolligen

Wurzelstöcke oder Rhizome laufen spitz zu und sind mit Schuppen besetzt; dieselben erreichen mitunter die Länge von 0.3 Meter und die Dicke eines Fingers.

Beschreibung. — Das Stärkemehl findet sich in den Rhizomen der Pflanze abgelagert und muss zum Verkaufe aus denselben ausgewaschen und gereinigt werden.

Wenn die Pflanze reif ist, was gewöhnlich nach Verlauf von zwölf Monaten nach der Aussaat, der Fall ist, werden die Wurzelstöcke ausgegraben, gewaschen, geschält und durch Zerquetschen oder mittelst eines Reibeisens in einen Brei verwandelt. Derselbe wird sodann auf einem Siebe oder in einer besonders zu diesem Zwecke construirten Waschmaschine mit Wasser bearbeitet. Die faserige Substanz wird auf diese Weise von der Stärke abgetrennt, welche Letztere mit dem Wasser durch das Sieb geht und sich nach und nach in den Gefässen, in welchen die Flüssigkeit aufgefangen wird, als Bodensatz sammelt. Dieselbe ist noch unrein und wird daher wiederholentlich gewaschen, bis sie gänzlich gereinigt ist, worauf man sie abtropfen lässt und darauf entweder an der Sonne oder bei gelinder künstlicher Wärme trocknet. Die Wurzelstöcke liefern im günstigsten Falle etwa 26% Stärkemehl.

Bei dem Bereitungsverfahren muss möglichst grosse Sorgfalt angewandt werden, um Unreinigkeiten auszuschliessen und in Folge des Rufes, den das in Bermudas producirte Arrowroot in dieser Hinsicht erlangt hat, behauptet es einen bedeutend höheren Preis, als das auf den anderen Westindischen Inseln oder anderwärts gewonnene. Es wird indessen jetzt auch eine grössere Quantität eines nach vervollkommneten Methoden dargestellten, wohlfeileren Arrowroots importirt, und ist besonders das von der Insel St. Vincent stammende in keiner Hinsicht von dem theureren Artikel von Bermudas zu unterscheiden. Die Güte und der Handelswerth eines Pfeilwurzelmehls hängen hauptsächlich von seinem mehr oder minder glänzenden und weissen Aussehen ab und längere Zeit hindurch bewahrte eben darin das Bermudas-Arrowroot entschieden den Vorrang. —

Für die Zwecke des Handels werden die Arrowroot-Sorten nach dem Namen der Insel oder des Landes unterschieden, wo sie producirt sind; so kennen wir ein Bermudas-, St. Vincent-, Natal-, Cap- und Mauritia-Arrowroot, obgleich dieselben sämmtlich aus der nämlichen Stärkemehlart bestehen und auch alle von der Gattung Maranta abstammen.

Die Zufuhren von den Bermudas-Inseln, welche ohne Zweifel früher unsere Hauptquelle waren, haben seit einigen Jahren abgenommen und die bei Weitem grösste Menge des jetzt importirten Arrowroots kommt von St. Vincent und aus Natal.

Das Pfeilwurzelmehl wird als diätetisches Mittel für entkräftete Kranke sehr geschätzt; sein Nährwerth beschränkt sich indessen auf denjenigen, welcher dem reinen Stärkemehl überhaupt zukommt und es muss daher durch ein stickstoffhaltiges Nahrungsmittel ergänzt werden.

Geschichtliches. — Die erste schriftliche Nachricht über die Pflanze Maranta arundinacea berichtet von der den Wurzeln derselben zugeschriebenen Wirkung als Gegenmittel wider das Pfeilgift und in Uebereinstimmung hiermit verdankt die Bezeichnung „Pfeilwurzelmehl" wahrscheinlich ihren Ursprung dem Glauben an eine derartige Wirksamkeit der Pflanze Seitens der Indianer in Südamerika.[*]

Nach einem Catalog der Jamaicanischen Pflanzen, welcher im Jahre 1696 von Sloane aufgestellt wurde, scheint

---

[*] Nach Anderen ist die Etymologie des Wortes „Arrowroot" folgende: Die ursprüngliche Bezeichnung der Maranta-Stärke ist „Aru-ruta", zusammengesetzt aus den indianischen Wörtern aru (Mehl) und ruta (Wurzel), also „Wurzelmehl", woraus später Arrowroot (im Englischen „Pfeilwurzel") corrumpirt worden ist. Vergl. Wittstein, Pharmacognosie p. 643.   [Anm. d. Uebers.]

es, dass die Maranta zuerst in Dominica entdeckt wurde; von dort wurde sie nach den Barbados-Inseln hinüber gebracht und weiter auf Jamaica importirt, da sie überall wegen ihrer angeblichen Kraft als Vorbeugungsmittel gegen die Wirkung von Giften in hohem Ansehen stand.

Im Jahre 1756 wurde zuerst des Stärkemehls der Pflanze als Nahrungsmittel Erwähnung gethan, doch blieb der Gebrauch desselben auf die Perioden beschränkt, wo andere Vorräthe gerade knapp waren.

In England wurde das Arrowroot zuerst im Beginn des laufenden Jahrhunderts eingeführt, und kamen, wie es scheint, die ersten Sendungen aus Jamaica. Es wurde einem Einfuhrzoll unterworfen, der sich bis zum Jahre 1853 auf 6 d. per Centner auf das von den englischen Besitzungen importirte und auf 2 sh. 6 d. auf das aus anderen Ländern eingeführte Arrowroot belief; in dem genannten Jahre wurde jedoch eine gleichmässige Rate von $4^1/_2$ d. per Centner festgesetzt, welche bis 1869 verblieb, von welcher Zeit an der Artikel zollfrei eingelassen wurde.

Im Jahre 1850 betrugen die Einfuhren an Arrowroot in Grossbrittanien und Irland 15980 Centner, wovon 12631 Centner auf den heimischen Verbrauch kamen; im Jahre 1870 erreichte die importirte Quantität 21770 Centner, darunter 17000 Centner aus St. Vincent und 3000 Centner aus Natal. Seit einiger Zeit sind jedoch die Einfuhren im Abnehmen begriffen; die Schuld daran trägt wahrscheinlich die immer mehr um sich greifende Substitution des Arrowroots durch gewisse eigenartige Präparate, von denen einige unter dem Namen „corn-flour" verkauft werden. Dieselben bestehen im Allgemeinen aus dem gereinigten Stärkemehl von Cerealien, welches demselben Zwecke, wie die Maranta-Stärke, entspricht und auch einen ganz ähnlichen Nährwerth besitzt.

Chemische Zusammensetzung.

Das Arrowroot besteht im Wesentlichen aus Stärkemehl und Wasser; es ist daher im reinen Zustande eine stickstofffreie Substanz und besitzt auch keine knochenbildenden Bestandtheile.

Folgendes sind die Resultate der Untersuchung von zwei Haupthandelssorten des Arrowroots:

	Bermudas	St. Vincent
Stärke	83.66	84.35
Wasser	16.22	15.44
Aschenbestandtheile	0.12	0.21
Summa	100.00	100.00

Mikroskopisches Aussehen.

Das Arrowroot besteht in seiner Eigenschaft als reines Stärkemehl ganz und gar aus einer Unmasse von Kügelchen, die sich auf dem Objectträger des Mikroskops leicht von einander isoliren lassen. Die Körnchen der einzelnen Arrowrootsorten, welche von den verschiedenen Inseln und sonstigen Productionsorten eingeführt werden, sind in der Grösse und Form nicht immer einander gleich; doch zeigen sie gewisse charakteristische Merkmale, welche sie sämmtlich als derselben Pflanzengattung angehörig identificiren lassen.

Das Bermudas-Arrowroot kann als der ausgebildetste Typus der Maranta-Stärke angesehen werden; bei keiner anderen Art zeigen die Körnchen so allgemein die unregelmässig-ovale Gestalt und einen eigenthümlichen kleinen nabelartigen Auswuchs an dem einen Ende. Das mikroskopische Bild dieser Stärkeart ist in Fig. 20 dargestellt.

Wie aus der Abbildung ersichtlich, sind die Körnchen durchweg mit zahlreichen, feinen concentrischen Ringen versehen, welche deutliche Schichten abgränzen, und haben in der Nähe des einen Endes einen kreisrunden oder linien-

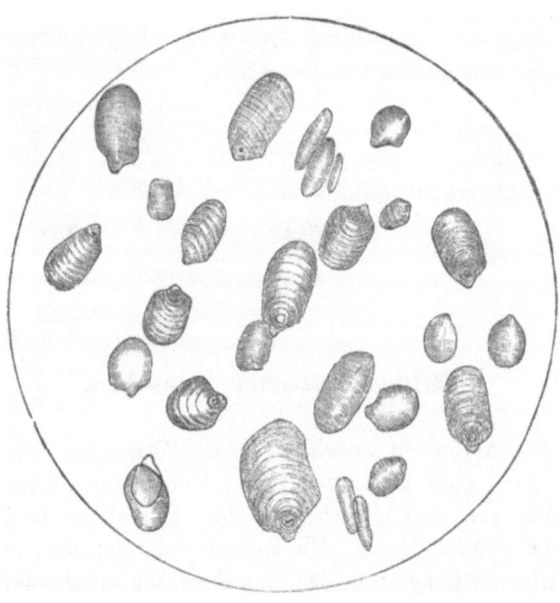

Fig. 20. — Bermudas-Arrowroot. — 350fache Linearvergrösserung.

förmigen Nabel. Die Mehrzahl der Körnchen ist von nahezu gleicher Grösse; sie messen 0.0007—0.0023 Zoll (0.0177—0.0584 Mm.) in der Länge und 0.0005—0.0014 Zoll (0.0127—0.0355 Mm.) in der Breite.

Das Arrowroot aus Natal kann im Gegensatz zu dem Bermudas-Arrowroot als Beispiel für die Verschiedenheit hinsichtlich der Form, Grösse und des allgemeinen Habitus der Stärkekörnchen, welche die einzelnen Maranta-Arten liefern, hingestellt werden. Die Stärkekörnchen des Natal-arrowroots sind in Fig. 21 dargestellt.

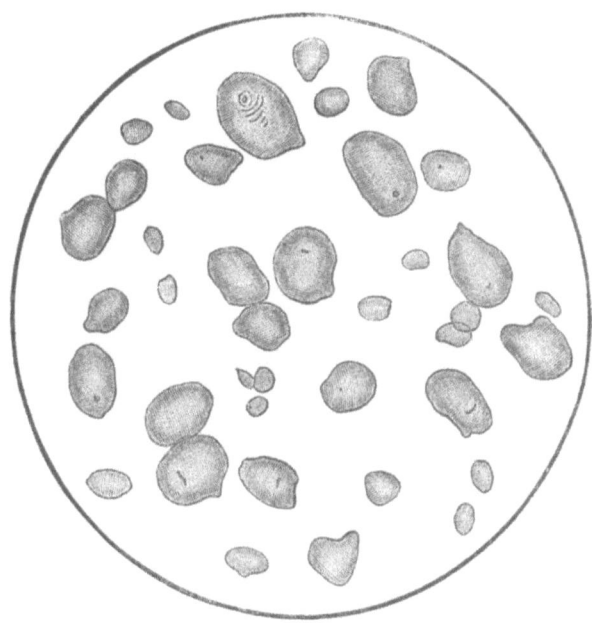

Fig. 21. — Natal-Arrowroot. — 350fache Linearvergrösserung.

Ihre Grösse schwankt von 0.001—0.0022 Zoll (0.0254 bis 0.0558 Mm.) Länge und 0.0005—0.0015 Zoll (0.0127—0.0381 Mm.) Breite.

Verfälschungen.

In Anbetracht des hohen Preises, den das Arrowroot mehrere Jahre lang im Handel behauptete, kann es nicht überraschen, dass seine Verfälschung in ausgedehntem Maasse betrieben wurde, und ebenso wenig, dass eine Anzahl von

Imitationen, die aus anderen, wohlfeileren Stärkesorten bestanden, dafür substituirt und unter jenem Namen verkauft wurden. Der Anlass zur Verfälschung des Arrowroots liegt heutzutage nicht mehr in demselben Maasse, wie früher, vor; doch nach den Fällen wirklicher Verfälschung, welche während der letzten Jahre zu unserer Beobachtung gelangt sind, ergiebt sich, dass die Differenz zwischen dem Preise der Maranta-Stärke und demjenigen anderer Stärkesorten noch hinreichend gross ist, dass es sich lohnt, ihr im Handel entweder ganz oder wenigstens theilweise ein Substitut unterzuschieben. Da nun die Verfälschung des Pfeilwurzelmehls ziemlich leicht auszuführen ist, wird die Gefahr, dass eine derartige Praxis fortgesetzt wird, so lange bestehen bleiben, als sich der grosse Unterschied im Preise zwischen den besseren Arrowroot- und den billigeren Stärkesorten behauptet.

Diejenigen Stärkemehle, welche entweder als gänzliches Ersatzmittel oder zur Vermischung mit dem Arrowroot bisher hauptsächlich gedient haben, waren die der Kartoffeln, ferner Sago, Tapioca-, Curcuma- und die sogen. Monatskorn- (tous les mois-) Stärke; auch die Tacca- und die Arumstärke sind als Unterschiebungen für Arrowroot früher angewandt worden, doch sind dieselben zur Zeit auf dem englischen Markte kaum mehr bekannt.

Weder nach dem allgemeinen äusseren Ansehen, noch durch zuverlässige chemische Reactionen ist es möglich, die Maranta-Stärke von anderen Stärkesorten zu unterscheiden; mit Sicherheit kann dies nur mit Hülfe des Mikroskops geschehen; unter Beihülfe dieses Instruments und gleichzeitiger genauer Kenntniss der mikroskopischen Erscheinung der Cerealien und anderer Stärkesorten des Handels wird jedoch die Erkennung von unächtem Arrowroot, wie auch eines Gemisches der Maranta-Stärke mit anderen Stärkemehlen fast in allen Fällen verhältnissmässig leicht.

Die nachstehenden, sowie die übrigen Abbildungen der Stärkearten an verschiedenen Stellen dieses Werkes werden sich bei der mikroskopischen Prüfung der verdächtigten Arrowroot-Proben nützlich erweisen:

Kartoffelstärke. — Diese Stärkesorte wird aus den Knollen der Kartoffel (Solanum tuberosum) nach einem ähnlichen Verfahren, wie das beim Arrowroot angewandte, bereitet. Im Handel ist sie unter dem Namen Kartoffelmehl oder Puder bekannt.

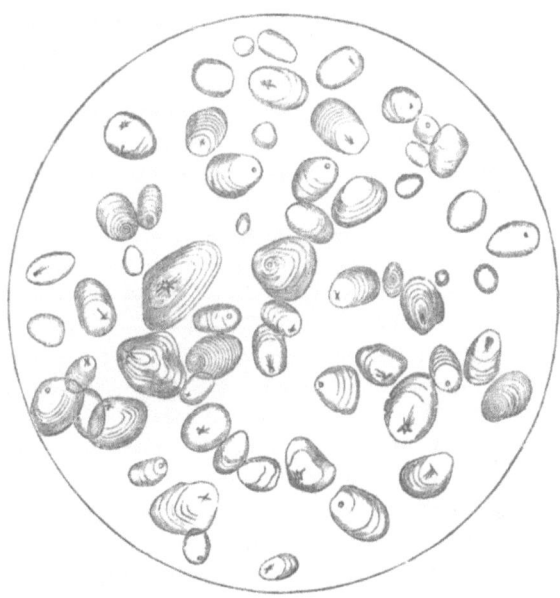

Fig. 22. — Kartoffelstärke. — 250fache Linearvergrösserung.

Die Körnchen der Kartoffelstärke, wie sie sich unter dem Mikroskop zeigen, sind in Fig. 22 dargestellt. Sie variiren sehr in der Form, indem Einzelne dreieckig oder muschelförmig, Andere eiförmig und noch Andere, besonders die kleineren, fast kugelförmig gestaltet sind. Sie sind mit deutlichen concentrischen Ringen versehen und haben nahe dem einen Ende einen kreis- oder sternförmigen Einschnitt.

In der Grösse schwanken sie von 0.0005—0.0028 Zoll (0.0127—0.0711 Mm.) Länge und 0.0004—0.0017 Zoll (0.0101—0.0501 Mm.) Breite.

Sago und Tapioca-Stärke. — Eine vollständige Beschreibung dieser Stärkesorten ist auf Seite 216 und 221 zu finden.

Curcuma-Stärke. — Der Hauptlieferant dieser Stärke ist die knollige Wurzel der Curcuma angustifolia, einer

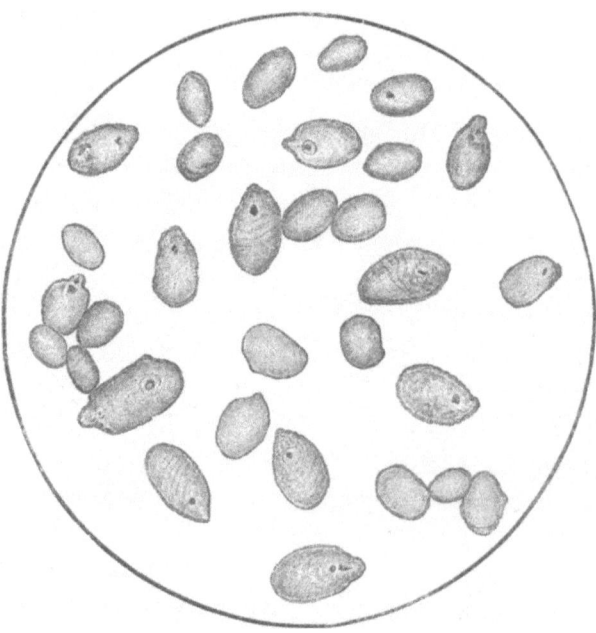

Fig. 23. — Curcuma-Stärke. — 350fache Linearvergrösserung.

in Ostindien einheimischen Pflanze. Das daraus bereitete Stärkemehl wird von den Eingeborenen „Tickhar" genannt und in Europa zuweilen als „Ostindisches Arrowroot" bezeichnet. Dieser Artikel soll in ausgedehntem Maasse in Travancore, Cochinchina und in Canara im südwestlichen

Indien bereitet werden, und ist es wahrscheinlich, dass er einen Theil des ostindischen Arrowroots, wie es für gewöhnlich auf dem englischen Markt angetroffen wird, ausmacht.

Das Bild der Curcuma-Stärke unter dem Mikroskop veranschaulicht die Fig. 23. Man bemerkt eine grosse Aehnlichkeit zwischen den Körnchen dieses Stärkemehls und denen des Arrowoots; doch sind die ersteren unregelmässiger in der Grösse und Gestalt, auch etwas mehr zugespitzt und durchscheinend.

Hinsichtlich der Grösse schwanken sie von 0.001 bis 0.0027 Zoll (0.0254—0.0685 Mm.) in der Länge und 0.0007 bis 0.0015 Zoll (0.0177—0.0381 Mm.) in der Breite.

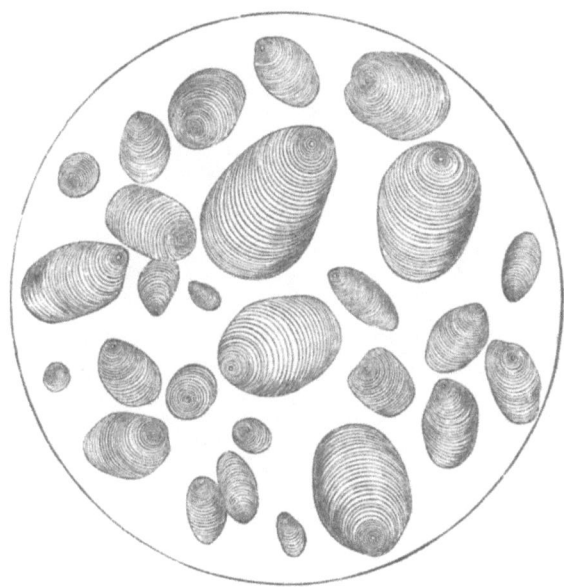

Fig. 24. — Tous-les-mois-Stärke. — 350fache Linearvergrösserung.

Canna-Stärke. — (Tous les mois Stärke.) — Dieses Stärkemehl wird aus den Wurzelstöcken einiger Pflanzen der Gattung Canna bereitet, welche hauptsächlich auf

St. Kitt, einer der Westindischen Inseln, cultivirt wird. Die in England eingeführte Canna-Stärke wird theils zur Bereitung von präparirtem Cacao, theils, nachdem sie entfärbt ist, als Kindernahrungsmittel verbraucht.

Das Aussehen dieser Stärkesorte unter dem Mikroskop ist in Fig. 24 dargestellt.

Die Kügelchen dieser Stärkeart sind von allen bekannten Sorten die grössten; sie sind eiförmig, an dem einen Ende abgestutzt, an dem anderen zugespitzt. Das hilum ist kreisförmig, in der Nähe des spitzen Endes gelegen und bildet den Ausgangspunkt für deutlich ausgebildete Serien von Ringen. In der Grösse schwanken die Kügelchen von 0.0015—0.0037 Zoll (0.0381 – 0.0939 Mm.) in der Länge und 0.001—0.0027 Zoll (0.0254—0.0685 Mm.) in der Breite.

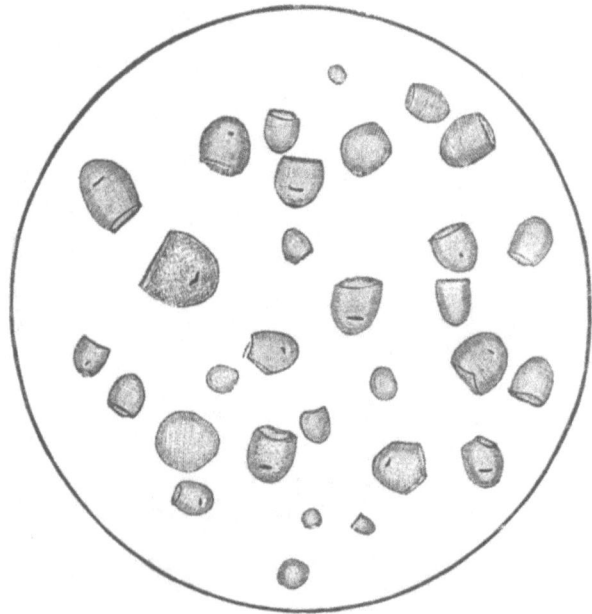

Fig. 25. — Tacca-Stärke. — 350fache Linearvergrösserung.

Tacca-Stärke. — Diese Stärkeart wird aus den knolligen Wurzeln der Tacca oceanica gewonnen; die Pflanze ist krautartig und wird auf den Südseeinseln um der Stärke willen eigends cultivirt. Es ist uns nicht gelungen, im Handel eine Probe dieses Stärkemehls zu finden und wahrscheinlich wird es jetzt nicht mehr importirt. Sein Ansehen unter dem Mikroskop ist durch Fig. 25 veranschaulicht.

Die Körnchen sind im Allgemeinen denen der Tapioca sehr ähnlich; nur sind einzelne, besonders die scheibenförmig gestalteten, erheblich grösser. Sie variiren von 0.0012 bis 0.0015 Zoll (0.0304—0.0381 Mm.) in der Länge und 0.0008—0.0012 Zoll (0.0203—0.0304 Mm.) in der Breite.

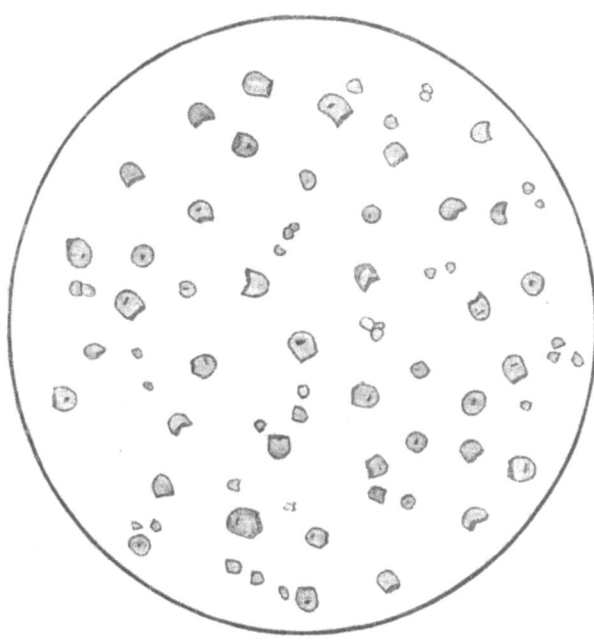

Fig. 26. — *Arum-Stärke*. — *350fache Linearvergrösserung*.

Arum-Stärke. — Diese Stärkesorte wird aus den Knollen von Arum maculatum erhalten, welche Pflanze im Volksmunde „Lords and Ladies" genannt und auf den Portland-Inseln cultivirt wird.

Das Stärkemehl derselben, welches eine Zeit lang unter dem Namen „Portland-Arrowroot" bekannt war, wird jetzt nicht mehr im Handel angetroffen; da es jedoch früher als Ersatz für die Maranta-Stärke benutzt worden sein soll, mag es von Interesse sein, hier eine Abbildung davon zu geben. Es ist in Fig. 26 dargestellt.

Die Körnchen schwanken in der Grösse von 0.0002 bis 0.0005 Zoll (0.0050—0.0127 Mm.) Länge und 0.0002 bis 0.0004 Zoll (0.005—0.0101 Mm.) Breite.)*)

Sago.

Botanische Abstammung. — Der Sago wird aus dem Mark oder dem centralen Theil des Stammes verschiedener Palmenarten erhalten, von denen die wichtigsten **Sagus farinifera** und **Sagus Rumphii** sind.

Die Sago-Palme findet sich im südöstlichen Asien und auf den Inseln des Indischen Oceans wild und erfordert

---

*) Ueber die Ermittlung des Wassergehalts der Stärke durch Behandeln derselben mit dem doppelten Gewicht Alcohol von 0.8339 spec. Gew. und Bestimmen des spec. Gewichts der abfiltrirten Flüssigkeit vergl. C. Scheibler, Ber. D. Chem. Ges. 2, 170.

Bondenau (Compt. rend. 98 u, Arch. d. Pharm. 22, 204) empfiehlt, zunächst die Reaction der Stärke zu prüfen. Falls sie neutral reagirt, werden 5—10 Gramm in dünner Schicht zunächst bei 60° getrocknet; dann wird die Temperatur allmählich auf 100° gesteigert, bis sich bei diesem Punkte constantes Gewicht zeigt; es erfolgt sodann auch beim Erwärmen auf 110° keine Gewichtsabnahme mehr. — Falls saure Reaction eingetreten, wird das Stärkemehl erst mit wenig Ammoniak gemischt, gegen 40° getrocknet und dann erst die Temperatur weiter, wie oben, erhöht. — Nach andern Autoren zeigt die Stärke erst nach dem Austrocknen bei 120° Gewichtsconstanz, das Mehl nach Bondenau erst bei 115°. [Anm. d. Uebers.]

dort also keine weitere Pflege. Die Pflanze wächst eigenthümlicher Weise anfangs nur langsam in kleinen Schüssen; nachdem jedoch erst einmal die eigentliche Stammbildung begonnen hat, schreitet das Wachsthum rasch vorwärts, bis der Stamm mitunter eine Höhe von 9 Meter erreicht hat und 1.5—1.8 Meter im Umfange misst. Derselbe besteht im wesentlichen aus einer langen, harten, holzigen Röhre, deren Inneres mit Stärkemehl und einer fasrigen Substanz angefüllt ist.

Nachdem der Baum gefällt ist, behält die Wurzel noch eine Zeit lang ihre Lebensfähigkeit bei und es entwickelt sich daraus bald ein neuer Stamm an Stelle des alten.

Die Sagostärke wird ferner von einigen Arten der Gattung Cycas erzeugt, welche zu der natürlichen Ordnung der Cycadeen gehört; die wichtigsten derselben sind Cycas circinalis und C. revoluta, welche auf den Molukken, in China und in Japan einheimisch sind.

Beschreibung. — Das Stärkemehl findet sich in dem Mark der Palme im unreinen Zustande und muss von den Fasern und anderen Beimengungen befreit werden.

Wenn der Baum die Reife erlangt hat und das Maximum an Stärke enthält, wird er nahe der Wurzel abgeschnitten und in 1.8—2 Meter lange Stücke zertheilt, welche der Länge nach aufgespalten werden, um den centralen Theil bloss zu legen. Alsdann wird das Mark herausgeschabt, zerrieben und in einem Troge mit Wasser bearbeitet, bis sich die Stärke von der Fasersubstanz abgesondert hat. Das Wasser lässt man nebst dem darin suspendirten Stärkemehl durch ein Sieb laufen, worauf allmählich in der durchgeseihten Flüssigkeit ein Absatz von Stärke stattfindet, welche nach wiederholtem Waschen mit Wasser getrocknet wird und dann das Sago-Mehl des Handels bildet.

Es ist festgestellt, dass der Ertrag eines einzelnen Baumes an Sagomehl sich auf 500—600 Pfund beläuft.

Der gekörnte Sago wird aus dem Sagomehl bereitet, indem man dasselbe mit Wasser zu einem dicken Teig anrührt und diesen mit Hülfe von Sieben in Körner verwandelt. Näheres über das Verfahren ist in Europa nicht recht bekannt. Der gekörnte Sago wird darauf in flachen Pfannen unter Umrühren über schwachem Feuer getrocknet und das so erhaltene Product bildet alsdann den Perlsago des Handels.

Von dem importirten Perlsago unterscheidet man zwei Sorten, von denen die eine aus kleineren, die andere aus grösseren Körnern besteht. Bei beiden findet sich ein grosser Theil der Stärkekügelchen in geborstenem Zustande und die Sagokörner bestehen daher wesentlich aus geronnener Stärke.

Der Sago bildet in verschiedenen Theilen des Ostens, besonders in seiner eigentlichen Heimath, ein wichtiges Nahrungsmittel. In England wird der gekörnte Sago hauptsächlich in Form von Pudding verbraucht und bildet gleich manchen anderen reinen Stärkemehl-Präparaten ein geschätztes, leicht verdauliches Nahrungsmittel.

Die grösste Menge des in England eingeführten Productes kommt in der Form von Sagomehl vor und wird meistentheils zu der fabrikmässigen Darstellung von Stärkezucker und als Stärkemehl im Haushalt benutzt.

Geschichtliches. — Es lässt sich nicht mit Sicherheit nachweisen, zu welcher Zeit das Stärkemehl der Sagopalme zuerst als Nahrungsmittel angewandt worden ist. Im dreizehnten Jahrhundert wurde die Bereitung des Sago-Brodes von Marco Paolo und im Anfange des siebzehnten Jahrhunderts von Clusius beschrieben. Um diese Zeit scheint auch der gekörnte Sago bekannt geworden zu sein; derselbe soll 1729 in England und etwa fünfzehn Jahre später in Frankreich und Deutschland eingeführt worden sein.

Die Menge des in England importirten Sago's hat von da an immer mehr zugenommen und belief sich im Jahre 1880 auf 381 668 Centner. —

Chemische Zusammensetzung.

Der Sago besteht aus Stärkemehl, etwas mineralischer Substanz und einer gewissen Menge Wasser. Eine Probe Perlsago gab bei der Untersuchung folgende Resultate:

Stärke 84.64%
Wasser 15.22%
Mineralsubstanzen 0.14%
　　　　　　　　　　　　　　　100.00

Mikroskopisches Aussehen.

Das mikroskopische Bild der Sagostärke ist in Fig. 27 dargestellt.

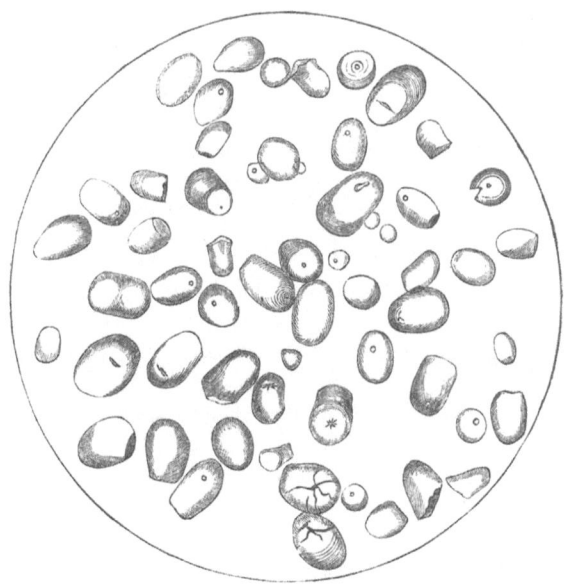

Fig. 27. — Sago-Stärke. — 350 fache Linearvergrösserung.

Die Körnchen, sind, wie man sieht, länglich, an dem einen Ende abgerundet und am andern abgestuzt. Die grösseren haben einen stern- oder linienförmigen Einschnitt und zahlreiche concentrische Ringe, welche indessen nur schwer zu erkennen sind. Hinsichtlich der Grösse stellen sich die Körnchen auf 0.0009—0.0022 Zoll (0.0228 bis 0.0558 Mm.) in der Länge und 0.0007—0.0014 Zoll (0.0177 bis 0.0355 Mm) in der Breite.

Verfälschungen.

Der Sago ist bisher nicht gerade vielen Verfälschungen unterworfen gewesen, doch liegen Gründe zu der Annahme vor, dass vor einigen Jahren Kartoffelstärke zur Bereitung eines unächten Sago benutzt wurde.

Welches auch immer die Veranlassung zur Verfälschung des Sago gewesen sein mag, so ist ersichtlich, dass, wenn man den gegenwärtig üblichen Marktpreis desselben in Betracht zieht, es schwer sein dürfte, eine andere Stärkesorte zu finden, die wohlfeil genug wäre, um mit Vortheil als völliges Ersatzmittel oder zum Verfälschen des gekörnten Sago benutzt werden zu können.

Die Gegenwart fremder Stärkearten in den Sago-Präparaten kann mit Hülfe des Mikroskops erkannt werden; und obgleich die Hauptmenge der Stärke sich im Perlsago im aufgequollenen Zustande findet und die unverändert gebliebenen Stärkekörnchen nur einen geringen Theil des Ganzen ausmachen, so ist es doch möglich, durch mikroskopische Prüfung dieser wenigen unverletzt erhaltenen Körnchen die Art des zur Bereitung des Präparates benutzten Stärkemehls zu bestimmen.

Das mikroskopische Bild der Kartoffelstärke, deren Benutzung als Fälschungsmittel des Sago am wahrscheinlichsten ist, ist aus Fig. 22 auf Seite 211 zu ersehen.

Tapioca.

Botanische Abstammung. — Dieses Stärke-Präparat stammt von verschiedenen Species der Pflanzengattung Manihot, welche zur natürlichen Ordnung der Euphorbiaceen gehört. Die wichtigste dieser Pflanzen ist Manihot utilissima, die früher mit dem Namen Jatropha Manihot bezeichnet wurde; sie ist im tropischen Amerika heimisch, wird aber jetzt auch in Afrika und anderen heissen Ländern cultivirt. Eine andere, ebenfalls Tapioca liefernde Species ist Manihot aipi, von welcher die gewöhnlich „süsse Cassava" genannte Sorte stammt, während die erstere Varietät „bittere Cassava" heisst.

Die Pflanzen, welche durch Stecklinge vermehrt werden, bilden Sträucher von 1.5—1.8 Meter Höhe. Die Seitenfasern der Wurzeln entwickeln sich zu mehlhaltigen Knollen, die gewöhnlich acht bis neun Monate nach der Aussaat den zum Einsammeln geeigneten Zustand erreichen. Die Knollen finden sich in Bündeln zu drei bis acht Stück und die von einer Pflanze producirte Menge hat mitunter ein Gewicht von 13—14 Kg.

Beschreibung. — Die Wurzelknollen sind gross und fleischig, gewöhnlich 35—38 Cm. lang und 10—12 Cm. dick.

Behufs Gewinnung der mehlartigen Producte werden die Knollen gewaschen, abgeschabt oder geschält und zu einem Brei zerquetscht oder zermahlen. Derselbe wird alsdann in die Pressen gebracht; der comprimirte Rückstand, der aus einem Gemisch von Mehl, Pflanzenfasern und Eiweisssubstanzen besteht, wird zur Bereitung von Cassava-Mehl oder -Brod benutzt, während der ausgepresste Saft nach längerem ruhigem Stehen einen Bodensatz von Cassava-Stärke liefert; derselbe bildet nach sorgfältigem Waschen und Trocknen an der Sonne das Tapioca-Mehl oder das Brasilianische Arrowroot des Handels.

Die Tapioca selbst wird durch Erhitzen der Cassava-Stärke in halbtrockenem Zustande auf heissen Platten unter Umrühren mit einem eisernen Stabe bereitet; dabei zerplatzt ein grosser Theil der Stärkekörnchen und häuft sich zu unregelmässigen kleinen Massen oder Klümpchen zusammen, in welcher Form der Artikel in England eingeführt wird.

Sowohl die bittere, wie die süsse Cassava enthalten gleich anderen Pflanzen aus derselben Familie einen Milchsaft, der bei der bitteren Varietät giftig, scharf und beissend, bei der süssen jedoch unschuldiger Natur ist. Der Saft der bitteren Cassava verdankt seine giftigen Eigenschaften der Gegenwart von Cyanwasserstoffsäure, welche sehr flüchtig ist und daher bei einer nur wenig erhöhten Temperatur gänzlich ausgetrieben wird, so dass der Saft nach dem Erwärmen unschädlich ist. Der feste, nach dem Auspressen des Saftes erhaltene Rückstand ist gleichfalls harmloser Natur und wird daher, wie oben erwähnt, zur Bereitung des Cassava-Mehles und Cassava-Brodes, welches Letztere man durch Backen auf heissen Platten bereitet, verwendet.

Die Knollen der süssen Varietät werden in gekochtem oder geröstetem Zustande direct zur Speise benutzt.

In England wird die Cassavastärke hauptsächlich in der Form von Tapioca als Nahrungsmittel angewendet. Dieselbe ist zum Theil schon in kaltem Wasser löslich, was daher rührt, dass ein Theil der Stärkekörnchen durch die Einwirkung der Hitze bei der Darstellung bereits geborsten ist.

Geschichtliches. — In Brasilien und anderen Theilen von Südamerika bildete das Cassavamehl oder die Tapioca schon seit langer Zeit einen Theil der Hauptnahrung der Bewohner. Im Jahre 1635 berichtet Gage gelegentlich der Schilderung seiner Reisen in Mexico von dem Cassava-

Baum und den verschiedenartigen Anwendungen seiner Nährproducte Seitens der Bevölkerung. Humboldt fand später auf seinen Reisen in Südamerika den Baum sehr häufig cultivirt und bemerkt ebenfalls, dass in einzelnen Gegenden das Cassava-Brod das Hauptnahrungsmittel der Bewohner ausmacht.

Eine Angabe über die Zeit, in der die Tapioca zuerst in England eingeführt worden ist, aufzufinden ist uns nicht gelungen.

Chemische Zusammensetzung.

Sowohl die Tapioca wie das Tapioca-Mehl bestehen im Wesentlichen aus Stärke und Wasser. Die Untersuchungen von zwei verschiedenen Handelssorten ergaben folgende Resultate:

	Tapioca 1. Qualität	Tapioca 2. Qualität
Stärke	85.02	86.39
Wasser	14.94	12.75
Eiweissstoffe und Verunreinigungen	—	0.80
Mineralsubstanzen	0.04	0.06
Summa	100.00	100.00

Mikroskopisches Aussehen.

Das Ansehen der Cassava-Stärke unter dem Mikroskop ist aus der nachstehenden Figur 28 ersichtlich.

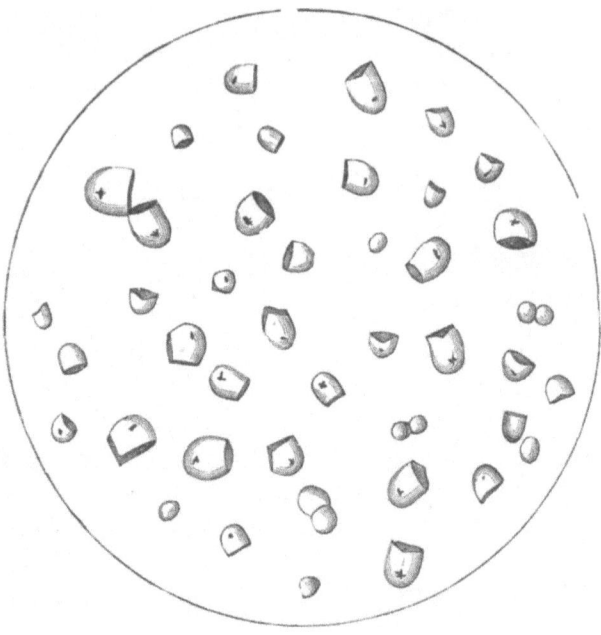

Fig. 28. — Cassava-Stärke. — 350fache Linearvergrösserung.

Die Körnchen sind an dem einen Ende abgerundet und haben eine oder mehrere gerade Flächen. Das Hilum ist sehr deutlich ausgeprägt und nahe dem einen Ende des Körnchens gelegen. In der Grösse schwanken die Körner von 0.0003—0.001 Zoll (0.0076—0.0254 Mm.) Länge und 0.0003—0.0008 Zoll (0.0076—0.0203 Mm.) Breite.

Verfälschungen.

Es wird angegeben, dass das Tapioca-Mehl oder Brasilianische Arrowroot mitunter mit anderen Stärkearten von niedrigerem Handelswerthe verfälscht werde; doch sind in den letzten Jahren derartige Fälle nur selten vorgekommen. Kürzlich ist uns indessen eine Probe von Perl-Tapioca begegnet, welche gänzlich aus Kartoffelstärke bestand.

Ausser dieser könnten noch verschiedene andere Stärkesorten, wie z. B. Sago, Reis wegen ihres verhältnissmässig niedrigen Preises mit Vortheil zur Verfälschung des Tapioca-Mehls oder der daraus hergestellten Präparate benutzt werden. Alle diese können mit Hülfe des Mikroskopes erkannt werden. Das mikroskopische Bild der Sago-Stärke ist aus Fig. 27 auf Seite 219, das der Reiss-Stärke aus Fig. 14 auf Seite 163 und das der Kartoffel-Stärke aus Fig. 22 auf Seite 211 ersichtlich. Die Tapioca besteht, wie oben angegeben, aus einem Gemisch von zerborstenen und unverletzten Stärkekörnchen. Dieser Gehalt an unversehrt gebliebenen Körnchen ist im Allgemeinen genügend, um die Art des bei der Bereitung des Artikels benutzten Stärkemehls zu erkennen.

KRAFTMEHL.

Das sogen. Kraftmehl (corn flour*) ist gewöhnlich ein Präparat von dem gereinigten Stärkemehl des Mais (Zea Mays) oder des Reis (Oryza sativa).

Nach dem obigen Namen, den man diesem Artikel gegeben hat, könnte vorausgesetzt werden, dass er das Mehl der betreffenden Cerealien in demselben Sinne, wie das Weizenmehl das des Weizens sei; dies ist indessen nicht der Fall, da bei der Bereitung des „corn flour" meist sämmtliche Fleisch- und Knochenbildenden Bestandtheile der Cerealien, hauptsächlich durch die Behandlung mit Natriumhydrat, ausgezogen werden und das resultirende Product als dann aus nahezu reinem Stärkemehl besteht.

Folgende Tabelle enthält die Resultate einer möglichst genauen Analyse von zwei Proben dieses Präparates, welche aus Mais, resp. Reis bereitet waren:

Tabelle I. — Analyse von Corn Flour.

	Oswego Corn Flour aus Mais	Englisches Corn Flour aus Reis
Stärke	86.76	84.59
Stickstoffhaltige Substanzen	2.15	2.11
Mineralbestandtheile	0.51	0.33
Feuchtigkeit	10.56	12.97
Summa	100.00	100.00

Wenn man die Bestandtheile des Mais und des Reis in Tabelle I auf Seite 120 mit den vorstehenden Resultaten vergleicht, so ersieht man, dass die stickstoffhaltige Substanz in dem einen Falle von 15.27 auf 2.15 Procent und im

---

*) Die englische Bezeichnung „corn flour" lässt sich im Deutschen schwer wiedergeben, da dieselbe eigentlich speciell „Roggenmehl" bedeutet. Die Bezeichnung „Kraftmehl" wurde gewählt, weil ähnliche Präparate aus Mais- oder Maranta-Stärke sich unter diesem — wenngleich ebenfalls ungerechtfertigten — Namen im deutschen Handel finden. [Anm. d. Uebers.]

anderen von 9.34 auf 2.11 Procent reducirt ist, während der Procentgehalt an Stärke von 64.66 auf 86.78, resp. von 77.66 auf 84.59 Procent gestiegen ist, woraus sich ergiebt, dass der Nährwerth der ursprünglichen Cerealien in dem sogen. Kraftmehl erheblich verändert ist. Das Letztere ist thatsächlich ein fast reines Stärkepräparat und sollte daher immer in Verbindung mit Milch oder einem andern Nahrungsmittel, das reich an Fleisch- und Knochenbildenden Bestandtheilen ist, angewandt werden.

Folgendes ist das Resultat einer Untersuchung der Asche eines corn flour von Oswego:

Tabelle II. — Analyse der Asche von Corn Flour.

Bestandtheile			
Kali	berechnet auf	K_2O	2.21
Natron	„ „	Na_2O	20.07
Natriumchlorid.	„ „	$NaCl$	1.36
Magnesia.	„ „	MgO	5.71
Kalk	„ „	CaO	30.22
Eisenoxydul.	„ „	FeO	0.51
Schwefelsäureanhydrid . . .	„ „	SO_3	2.28
Phosphorsäureanhydrid . . .	„ „	P_2O_5	1.42
Kohlensäureanhydrid . . .	„ „	CO_2	35.15
Kieselsäure	„ „	SiO_2	1.07
	Summa		100.00

Der Gehalt an Phosphorsäure (P_2O_5) beträgt in obiger Probe nur 1.42 Procent im Vergleich mit 47.45 Procent in der Asche des Mais, wie aus Tabelle II auf Seite 122 ersichtlich ist und die Menge des Kali's ist von 26.01 auf 2.21 Procent reducirt. Das auffallendste bei der Asche des corn flour ist die starke Zunahme im Gehalt an Natron und Kalk, was wahrscheinlich von einer Verunreinigung bei der Bereitung des Präparates herrührt.

Das mikroskopische Bild der Maisstärke ist in Fig. 29 dargestellt.

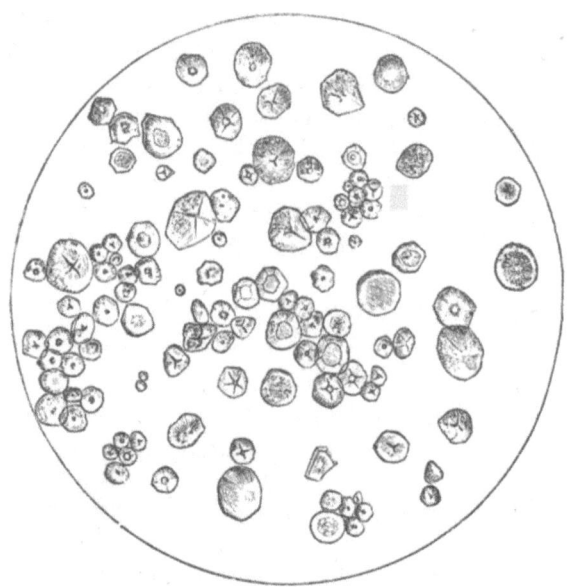

Fig. 29. — Mais-Stärke.. — 350fache Linearvergrösserung.

Die Körnchen derselben sind vieleckig und nähern sich der kreisrunden Form. Hinsichtlich der Grösse und nach dem allgemeinen Aussehen nehmen sie eine Mittelstellung zwischen der Weizen- und Haferstärke ein. In der Grösse stellen sie sich auf 0.0002—0.0012 Zoll (0,0050 bis 0.0304 Mm.) im Durchmesser.

Die Reissstärke, wie sie unter dem Mikroskop erscheint, ist in Fig. 14 auf Seite 163 dargestellt.*)

---

*) Nach Casali (Ann. de Chim. 1884, p. 84 u. Arch. d. Pharm. [3] 22; 519) wird dem Reiss zuweilen durch Zusatz von Ultramarin ein brillanteres Aussehen ertheilt; es kann also dieser Stoff auch in

den aus dem Reiss bereiteten Stärkepräparaten sich finden. Zum Nachweise desselben wird die Substanz mit kleinen Mengen Wasser durchgearbeitet, dann mit mehr Wasser angerührt, die Flüssigkeit abfiltrirt und der auf dem Filter verbleibende Rückstand mit Wasser gekocht, welches schwach mit Schwefelsäure angesäuert ist; der ungelöst bleibende, bläuliche Rest wird mit Alcohol, dann mit lauwarmem Wasser gewaschen und darauf mit concentrirter Salzsäure erwärmt: bei Gegenwart von Ultramarin entsteht Entwickelung von Schwefelwasserstoff, der sich durch die violettrothe Färbung eines mit Nitroprussidnatrium getränkten Papierstreifens zu erkennen giebt.

[Anm. d. Uebers.]

LINSENMEHL.

Abstammung. — Dieses Product wird aus den Saamen der Linsenpflanze (Ervum Lens) bereitet, welche zur natürlichen Ordnung der Leguminosen gehört. Die Linse ist in Aegypten, Palästina, Arabien und anderen Theilen des Orients einheimisch, wo sie überall ein vielbenutztes und geschätztes Nahrungsmittel bildet. Jetzt wird sie auch in ebenso ausgedehntem Maasse in Italien und anderen Gränzländern des Mittelmeeres, sowie auch in Deutschland, gezogen.

Beschreibung. — Die Frucht der Pflanze besteht aus einer kurzen, weichen, zweisaamigen Hülse; die Saamen, welche in den Handel kommen, sind etwa halb so gross, als eine gewöhnliche Erbse, und von verschiedener Farbe, weiss, röthlichbraun oder schwarz, je nach der Varietät der cultivirten Pflanze. Im gespaltenen Zustande werden sie zu Suppen und im gemahlenen in Form von Schleim oder Brei verbraucht. Das Mehl bildet den Ausgangspunkt für einige besondere Präparate, die zu verhältnissmässig hohen Preisen zur angeblichen Hebung von gewissen Störungen des Organismus und als besonders nahrhafte, mehlreiche Lebensmittel feilgeboten werden. Diese Präparate bestehen in der Regel aus Weizenmehl, Gerstenmehl oder Indischem Corn flour nebst etwas Salz oder Zucker. Die letzteren Substanzen sollen dazu dienen, den ausgeprägten und für Manchen etwas unangenehmen Geschmack zu verdecken, den die Linsen gleich vielen anderen Leguminosensaamen besitzen.

Chemische Zusammensetzung.

Das Linsenmehl enthält folgende Substanzen: Fett, Stärke, Zucker, Eiweiss*), Cellulose, Mineralbestandtheile und Wasser.

Folgende Tabelle enthält die Resultate einer sorgfältigen Analyse des Linsenmehls:

Tabelle 1. — Analyse von Linsenmehl.

Fett	1.10
Stärke	50.47
Zucker	3.52
Eiweissstoffe, in Alcohol löslich	4.68
„ „ „ unlöslich	24.86
Cellulose	0.92
Mineralsubstanzen	2.53
Feuchtigkeit	11.92
Summa	100.00

Nach diesen Resultaten beträgt die Menge der Stärke im Linsenmehl weniger, als im Mehl der Cerealien; doch ist die Quantität der stickstoffhaltigen Substanzen in dem Ersteren nahezu doppelt zu gross, als im Letzteren. Das Linsenmehl ist daher in hohem Grade nahrhaft und würde ohne Zweifel in bedeutend ausgedehnterem Maasse als Nahrungsmittel benutzt werden, wenn nicht sein ausgesprochener Geschmack und Geruch dabei hinderlich wären.

Folgende Tabelle enthält die Resultate der Untersuchung der Asche von Spaltlinsen:

---

*) Die Eiweissstoffe der Linsen bestehen, wie die der meisten Leguminosensaamen, zum grossen Theil aus Legumin; nach Ritthausen enthalten die Linsen 5.2 % dieses Körpers.

[Anm. d. Uebers.]

Tabelle II. — Analyse der Asche von Spaltlinsen.

Bestandtheile		
Gesammtmenge der Asche der trockenen Linsen .... Proc.		2.87
Kali . . . . berechnet auf	K_2O	32.60
Kaliumchlorid . . . . „	KCl	8.28
Natriumchlorid . . . . . . „	NaCl	4.65
Magnesia . . . . „	MgO	5.67
Kalk . . . . „	CaO	2.05
Eisenoxyd . . . . „	FeO	1.81
Thonerde . . . . „	Al_2O_3	0.28
Manganoxyd . . . . „	Mn_3O_4	Spuren
Schwefelsäureanhydrid . . . „	SO_3	Spuren
Phosphorsäureanhydrid . . . „	P_2O_5	38.33
Kieselsäure . . . . „	SiO_2	3.63
Sand . . . . „	—	2.70
Summa		100.00

Untersuchung.

Die Methoden zur Bestimmung der Bestandtheile des Linsenmehls sind dieselben, wie sie zur Untersuchung von Getreidemehl üblich und auf Seite 145—149 beschrieben sind.

Mikroskopischer Bau.

Die Stärkekörnchen der Linse sind in der Form und im äusseren Ansehen denen der Erbse und Bohne, welche in Fig. 15 und 16 auf Seite 164 und 165 dargestellt sind, sehr ähnlich; die concentrischen Ringe sind indessen bei den ersteren genauer zu unterscheiden und die Zusammendrückung von der Seite ist deutlicher, als bei den letzteren, zu erkennen.

Verfälschungen.

Da das Linsenmehl ebenso billig, wenn nicht wohlfeiler, als sämmtliche andere mehlartige Substanzen ist, so wird es nur selten verfälscht, wenn dies überhaupt jemals vorkommt. Die Gegenwart des Stärkemehls der Cerealien und der meisten übrigen fremden Stärkearten kann, falls sie dem Linsenmehl beigemischt sind, mittelst des Mikroskopes entdeckt werden.

Literatur über Mehl, Brod, Stärkemehl etc.)*

Birnbaum, K. — Das Brodbacken etc. — Braunschweig 1878.

v. Höhnel. — Die Stärke und die Mahlproducte. — Kassel und Berlin 1882.

Meyer, Arthur. — Die Structur der Stärkekörner. Separatabdruck aus der Botanischen Zeitung. — 1881. Nr. 51 u. 52.

Nowack, J. und Vogl, A. — Die Untersuchung des Mehls mit Rücksicht auf den gegenwärtigen Stand der Mühlenindustrie und die vorkommenden Verfälschungen. — Sitzungsberichte des Vereins für öffentliche Gesundheitspflege in Wien; im Auszuge in der Pharm. Centralhalle 1881, 449.

Vogl, A. E. — Die gegenwärtig am häufigsten vorkommenden Verfälschungen und Verunreinigungen des Mehls und deren Nachweisung. — Wien 1880.

v. Wagner. — Die Stärke-, Dextrin- und Traubenzuckerfabrication. — Braunschweig 1877.

Wittmack, L. — Anleitung zur Erkennung organischer und anorganischer Beimengungen im Roggen- und Weizenmehl. Preisschrift des Verbandes deutscher Müller. — Leipzig 1884.

---

*) Anm. d. Uebers.

Alphabetisches Register.

Abgerahmte Milch 22
Abrahmen der Milch 56
Acarus domesticus (A. Siro) 107
Ackerwachtelweizen im Getreide 165
Aegilops ovata 128
Alaun im Brod 183
„   „   Mehl 141. 150. 153.
Albumin s. Eiweiss u. Eiweisskörper
Albuminoide der Cerealien 121
Alcohol im Brod 174
Arrowroot 203. 205
„   Bermudas 207
„   Beschreibung 204
„   Brasilianisches 222
„   Chemische Zusammensetzung 207
„   Geschichtliches 205
„   Mikroskop. Aussehen 207
„   Natal 208
„   Ostindisches 212
„   Portland 216
„   Verfälschungen 209
Arumstärke 215
Asche des Brodes 179
„   der Cerealien 122
„   des Hafermehls 193
„   des Käses 110
„   des Kraftmehls 227
„   des Linsenmehls 232
„   der Milch 7. 22
„   des Weizenmehls 132. 141. 142. 149
Aspergillus glaucus 107
Avenin 192

Bacterien der Brodgährung 167
„   „   Milch 29
Bartweizen und bartloser Weizen 128
Benzoesäure, Zusatz zur Milch 47
Bermudas-Arrowroot 207

Bestäubungsmehl 188
Biestmilch 2
Blaue Milch 29
Bohnenmehl, Zusatz zum Brod 182
„   „   „   Weizenmehl 149. 164. 165
Bohnenstärke 164
Borsäure, Zusatz zur Milch 47
Brand des Getreides 124
Brasilianisches Arrowroot 222
Brod 166
„   Alcoholgehalt 174
„   Asche 179
„   Bestandtheile 174
„   Beschreibung 166
„   Chem. Zusammensetzung 173
„   Dextringehalt 177
„   Eiweissstoffe 179
„   Fettgehalt 179
„   gesäuertes u. ungesäuertes 166
„   Geschichtliches 171
„   Literatur 233
„   Maltose-Gehalt 177
„   Mikroskopische Structur 180
„   Stärkegehalt 177
„   Untersuchung 180
„   Verfälschungen 181
„   Wassergehalt 180
Butter 54
„   Abstammung 54
„   Analysen 89
„   Aufbewahrung 98
„   Bereitung 56
„   Beschreibung 55
„   Chemische Zusammensetzung 61. 89. 94
„   Conserviren 66
„   Färben 85
„   Fettsäuren 61. 67. 69. 93

Butter Geschichtliches 61
„ Literatur 114
„ Mikroskop. Prüfung 73. 101. 102
„ Ranzigwerden 66. 98
„ Salzgehalt 67. 74. 100
„ Untersuchung 74
„ „ im polarisirten Licht 102
„ „ n. Meissl 84
„ „ „ Reichert 83
„ Verfälschungen 82
„ Verschlechterung beim Aufbewahren 98
„ Wassergehalt 65. 74. 98
Butterfarbe 85
Butterfett 62. 65. 94
„ specif. Gewicht 76
„ Unters. dess. 75. 76. 81. 100
Butterin 83. 96. 101
Buttersäure 69. 79

Cannastärke 213
Caprinsäure in der Butter 71
Capronsäure „ „ „ 68. 70
Caprylsäure „ „ „ 70
Carottine, Butterfarbe 85
Casein s. auch Eiweisskörper
Casein in der Butter 65. 75
„ „ „ Frauenmilch 6. 9
„ „ dem Käse 107. 109
„ „ der Kuhmilch 3. 5. 6. 18. 20. 103
„ „ der Stutenmilch 9
„ Modificationen desselben 6
Cassava 221. 224
Cellulose des Stärkemehls 200
„ „ Weizenmehls 132.136.146
Cerealien 118
„ Asche 122
„ Bestandtheile 120
„ Eiweisskörper 121. 133. 137. 147
„ Geschichtliches 119
„ Krankheiten 123
Cerealin 132. 139. 149
Cholesterin im Käse 107
„ in der Milch 6
Claviceps purpurea 125
Cocosnussöl, Fälschungsmittel der Butter 99
Colostrum 2
Condensirte Milch 52
Cones flour 188
Conserviren der Butter 66
Cordyceps purpurea 125
Corn flour 226

Curcumastärke 212

Dextrin im Brod 177
„ im Mehl 132. 136
Durra 118

Ecbolin 126
Eiweisskörper des Brodes 178. 179. 181
„ der Cerealien 121. 133. 137. 147
„ der Linsen 231
„ des Mehls 121. 132. 133. 137. 141. 146
„ der Milch 3. 5. 6. 18. 19. 103
Eiweiss, unlösliches 139
Eiweissrest der Milch 20
Erbsenmehl, Zusatz zum Brod 182
„ „ „ Weizenmehl 149. 164
Erbsenstärke 164
Ergotin 126

Fadenziehende Milch 29
Fäule des Weizens 123
Ferment der Brodgährung 166
Fett des Brodes 179
„ der Butter 62. 65. 75. 94
„ fremdes, in der Butter 87
„ des Käses 109
„ des Mehls 132. 141. 149
„ der Milch 4. 14. 17. 18
„ Zusammensetzung verschiedener thierischer Fette 95
Fettsäuren der Butter 61. 67. 69. 98
„ „ „ , Bestimmung derselben 67. 77. 83. 84
Fettsäuren der Butter, flüchtige 83. 84
„ „ „ lösliche und unlösliche 77. 79
Fettsäuren der Milch, freie 23
Fibrin 132. 139. 148
Frauenmilch 6. 9

Galazyme 11
Gegohrenes 167
Gelbe Milch 29
Gerstenmehl 159. 165
„ im Hafermehl 197
„ „ Weizenmehl 149. 159. 165.
Gerstenschaale 159
Gerstenstärke 160
Getreidebrand 124
Gewebefragmente der Gerste 158
„ des Hafers 194
„ des Weizens 158

Gliadin 132. 138. 148
Glucosesyrup, Zusatz zur Milch 48
Glutin 132. 138
Glycerin aus der Butter 62. 63
„ Zusatz zur Milch 48
Granulose der Stärke 200
Guineakorn 118
Gyps, Zusatz zum Mehl 149

Haare der Cerealien 143. 144. 194
Hafermehl 190
„ Aschengehalt 193
„ Beschreibung 190
„ Chem. Zusammensetzung 192
„ Geschichtliches 191
„ Mikroskopischer Bau 194
„ Verfälschungen desselben 197
„ Zusatz zum Weizenmehl 165
Haferstärke 196
Harnstoff in der Milch 6
Harnsäure im Käse 113
Hilum der Stärke 200
Hypoxanthin in der Milch 6

Jaurt 11
Jodstärke 201

Kaffernkorn 118
Kalk, Zusatz zum Mehl 149
Karagrut 11
Kartoffeln, Zusatz zum Brod 182
Kartoffelstärke 211. 220. 225
Käse 103
„ Abstammung 103
„ Aschengehalt 108. 110
„ Bereitung 103
„ Beschreibung 103
„ Chemische Zusammensetzung 107. 108
„ Färben desselben 104
„ Kunstkäse 111
„ Literatur 114
„ Maden 107
„ metallische Beimengungen 112
„ Milbe 107
„ Oleomargarin- 111
„ Pressen desselben 106
„ Salzen desselben 106
„ Schmarotzer 106
„ Schimmel 107
Käse, Speck- 110
„ Trocknen desselben 106

Käse, Untersuchung 109
„ Verfälschungen 110
„ Verunreinigung mit Urin 113
„ Wassergehalt 107. 108
Käsestoff s. Casein
Kephir 12
Keschk 11
Kleber 132. 147
Kornrade im Mehl 165
Kraftmehl 226
Krankheiten der Cerealien 123
„ „ Milch 29
Kriebelkrankheit 126
Kumys 10
Kunstbutter 83
Kunstkäse 111
Kupfersulfat im Brod 186

Lactobutyrometer 18
Lactoglucose 7
Lactoskop 18
Laurinsäure, Bestandtheil der Butter 95
Lecithin in der Butter 72
„ im Käse 109
„ in der Milch 6
Legumin im Hafer 192
„ in den Linsen 231
Leitfragmente des Mehls 159
Leucin im Käse 107
Linsenmehl 230
„ Chem. Zusammensetzung 231.
„ Untersuchung 232
„ Verfälschungen 232
Linsenstärke 232
Literatur über Butter, Käse, Milch 114
„ „ Brod, Mehl, Stärke 233
Lösliche Stärke 202
Lolium temulentum 165. 196
Lords und Ladies 216
Luftbrod 168

Magnesiumcarbonat, Zusatz zum Mehl 149
Maismehl im Brod 188
„ „ Hafermehl 197
„ „ Roggenmehl 163
Maisstärke 226. 228.
Maltose im Brod 177
„ „ Mehl 135
Marantastärke 203
Margarin 86

Mehl s. Weizenmehl etc.
„ als Verfälschung der Butter 100
„   „   „ des Käses 112
„ Literatur 233
„ Mutterkorngehalt 125. 126. 165
„ selbsttreibendes 170
Melampyrum arvense 165
Metallische Beimengungen i. Käse 112
Mikroorganismen der Milch 29
Milch 1
„ abgerahmte, Untersuchung 22
„ Abrahmen derselben 56
„ Abstammung 1
„ Aschengehalt 7. 22
„ Beschreibung 2
„ Bestandtheile 4
„ blaue 29
„ Casein 3. 5. 6. 18. 20. 103
„ Chem. Zusammensetzung 3
„ condensirte 52
„   „ Stutenmilch 52
„ fadenziehende 29
„ feste Bestandtheile 4. 14
„ Fett und feste Nichtfette 14
„ frische und gekochte 23
„ gelbe 29
„ Geschichtliches 2
„ Krankheiten 29
„ Literatur 114
„ Mikroorganismen 29
„ saure 23
„ specifisches Gewicht 12. 31
„ stickstoffhaltige Bestandtheile 5. 6
„ Untersuchung 12
„ Verdichtung derselben 13
„ Verfälschungen 30
„ Wasserzusatz 41
„ Zusammensetzung der Kuhmilch 3. 23. 31
„ Zusammensetzung anderer Milchsorten 8
Milchsäure im Käse 109
Milchzucker, Bestandtheil d. Milch 6. 8
„ Bestimmung desselben 20. 21
Molke 3
Mucin 132. 138. 148
Mutterkorn 125. 126. 165
Myristicinsäure in der Butter 71

Nabel der Stärkekügelchen 200
Nasse Fäule des Weizens 123
Natal-Arrowroot 208
Nichtfette der Milch 14

Oelsäure in der Butter 61. 68. 72. 80
Oidium abortifaciens 125
Oleomargarin 83. 96. 101. 102
„ -Käse 111
Orantia, Butterfarbe 85
Orlean zum Färben der Butter 85
„   „   „ des Käses 104

Palmitinsäure in der Butter 69. 71. 80
Peptone der Milch 20
Pfefferbrand des Weizens 123
Pfeilwurzelmehl 203. 205
Piophila casei 107
Portland-Arrowroot 216
Präparirte Stärkmehle 199
Pressen des Käses 106

Rahm 48
Rahmabscheider 49
Ranzigwerden der Butter 60. 98
Raphania 126
Reis 122. 163. 188. 226
„ als Zusatz zum Brod 181
„   „   „   „ Hafermehl 197
„   „   „   „ Weizenmehl 149. 163
„ Verfälschung desselben mit Ultramarin 228
Reisstärke 163. 226
Roggenmehl 161
„ als Zusatz zum Weizenmehl 143. 149. 161. 165
Roggenschaale 161
Roggenstärke 162
Rohrzucker in der Milch 47
Russ des Getreides 124

Sago, Abstammung 216
„ Beschreibung 217
„ Chem. Zusammensetzung 219
„ Geschichtliches 218
„ Mikroskopisches Aussehen 219
„ Verfälschungen 220
Sagostärke 219
Sahne 48
Salicylsäure in der Milch 46
Salz in der Butter 67. 74. 100
„   „   „ Milch 45
Salzen des Käses 106
Sauerteig 167
Schimmel des Käses 107
Schmalz 116
„ Verfälschungen 117
Schmarotzer des Käses 106

— 239 —

Schmelzpunkt des Butterfetts 81. 100
Sclerotinsäure 126
Sclerotium Clavus 125
Seifenstein, Zusatz zum Mehl 149
Selbsttreibendes Mehl 170
Serum 3
Soda, Zusatz zur Milch 45
Speckkäse 110
Speckstein, Zusatz zur Butter 100
Sphacelia segetum 125
Sporendonema casei 107
Stärke, Bestimmung derselben 145
  „ Chem. Zusammensetzung 201
  „ im Brod 177
  „ „ Käse 112
  „ „ Mehl 135. 144. 145
  „ Literatur 233
  „ lösliche 202
  „ mikroskopische Prüfung 135. 200. 201
  „ Wassergehalt 216
  „ Zusatz zum Käse 112
Stärkemehl der Aronswurzel 215
  „ „ Bohnen 164
  „ „ Canna 213
  „ „ Cassava 221. 224
  „ „ Curcuma 212
  „ „ Erbsen 164
  „ „ Gerste 160
  „ des Hafers 196
  „ der Kartoffeln 211. 220
  „ „ Linsen 232
  „ des Mais 226. 228
  „ der Maranta 203
  „ „ Pfeilwurzel 203
  „ des Reis 163. 226
  „ „ Roggens 162
  „ „ Sagos 216. 219
  „ der Tacca 214
  „ des Tous-les-mois 213
  „ „ Weizens 135. 144. 145
Stärkemehle, präparirte 199
Stearinsäure in der Butter 61. 72. 80
Stutenmilch 9. 52
Süsskäseprocess 105

Tacca-Stärke 214
Tapioka 212. 221
  „ Beschreibung 221
  „ Chem. Zusammensetzung 223
  „ Geschichtliches 222
  „ Mikroskop. Aussehen 224
  „ Verfälschungen 225
Tapiocamehl 222

Taumellolch im Mehl 165. 196
Tickhar 212
Tilletia caries 123
Tous-les-mois-Stärke 213
Tyrosin im Käse 107

Ultramarin im Reis 228
Untersuchung des Arrowroots 207
  „ „ Brodes 180
  „ der Butter 74
  „ des Hafermehls 194
  „ des Käses 109
  „ des Kraftmehls 226
  „ des Linsenmehls 232
  „ der Milch 12. 22. 23. 52
  „ des Sagos 219
  „ der Sahne 50
  „ des Schmalzes 116
  „ der Tapioca 223
  „ des Weizenmehls 145
Urin, Verunreinigung des Käses 113
Ustilago segetum 124

Venetianisches Roth, Anstrich des Käses 112
Verfälschungen des Arrowroots 209
  „ des Brodes 181
  „ der Butter 82
  „ des Hafermehls 197
  „ des Käses 110
  „ des Kraftmehls 228
  „ des Linsenmehls 232
  „ der Milch 30
  „ des Reis 228
  „ des Sagos 220
  „ des Schmalzes 117
  „ der Tapioca 225
  „ des Weizenmehls 149

Wassergehalt des Brodes 180
  „ der Butter 65. 74. 89. 94
  „ des Käses 107
  „ des Mehls 132
  „ der Milch 30
  „ der Stärke 216
Weizenarten 128
Weizenfäule 123
Weizenmehl 127
  „ Abstammung, botanische 127
  „ Asche 132. 141. 142. 149
  „ Beschreibung 130
  „ Bestandtheile 132. 134. 140

Weizenmehl, Chemische Zusammensetzung 132. 134. 140
" Cellulosebestimmung 146
" Fettgehalt 119. 141. 149
" Fruchthaare 143
" Geschichtliches 131
" Gewebefragmente 158
" Leitfragmente 159
" mikroskop. Bau 142
" mikroskop. Prüfung 158
" Stärkebestimmung 145
" stickstoffhaltige Bestandtheile 146
" Untersuchung 140. 145. 165
" Verfälschungen 149. 165
" Zuckerbestimmung 146
Weizenmehlbrod 171
Weizenschaale 143

Weizenstärke 135. 144. 145
Wicken im Mehl 165

Zucker im Mehl 132. 137. 146
" in der Milch 6. 47
Zusammensetzung, chem. des Arrowroots 207
" chem. des Brodes 173
" " der Butter 61. 94
" " " Cerealien 120
" " d. Hafermehls 192
" " des Käses 107
" " " Kraftmehls 226
" " " Linsen- " 231
" " der Milch 3
" " des Sagos 219
" " " Schmalzes 117
" " der Tapioca 223
" " des Weizenmehls 132. 134. 140.

MIX
Papier aus verantwortungsvollen Quellen
Paper from responsible sources
FSC® C105338

If you have any concerns about our products,
you can contact us on
ProductSafety@springernature.com

In case Publisher is established outside the EU,
the EU authorized representative is:
**Springer Nature Customer Service Center GmbH
Europaplatz 3, 69115 Heidelberg, Germany**

Printed by Libri Plureos GmbH
in Hamburg, Germany